Mikroskopieren

ANNEROSE BOMMER

ENTDECKEN

STAUNEN

WISSEN

Mit Illustrationen von Friedrich Werth
und Farbfotos von Heidi Velten

KOSMOS

Vorwort

Eine neue Welt für sich entdecken – wer will das nicht? Mit Vergrößerungsglas und Mikroskop ist das kein Problem. Sie öffnen dir das Tor in die Welt des Allerkleinsten. Und die ist voller Wunder und Geheimnisse. Hier stößt du auf winzige, fast durchsichtige Lebewesen, die in einem Tropfen Teichwasser herumwimmeln. Fuß und Flügel einer Fliege erkennst du als winzige Kunstwerke der Natur. Blätter zeigen dir ihre haarfeinen Öffnungen, durch die die Pflanzen atmen. Sandkörnchen glitzern in starker Vergrößerung wie kleine Edelsteine, und Schneeflocken wirken wie Schmuckstücke aus dem Juwelierladen. Dieses Buch führt dich in die Wunderwelt des Mikrokosmos ein: Es hilft dir beim Umgang mit Lupe und Mikroskop und gibt spannende Tipps, was du alles damit entdecken kannst. Schritt für Schritt bekommst du Arbeitsmethoden wie Herstellung von dünnen Schnitten, das Anfertigen von Präparaten, das Einfärben und die Erstellung von Dauerpräparaten erklärt. Und natürlich zeigt dir das Buch auch, wie moderne Mikroskope in Forschung und Medizin eingesetzt werden.

Komm mit auf eine faszinierende Reise in das Reich der kleinen Wunder!

Annerose Bommer

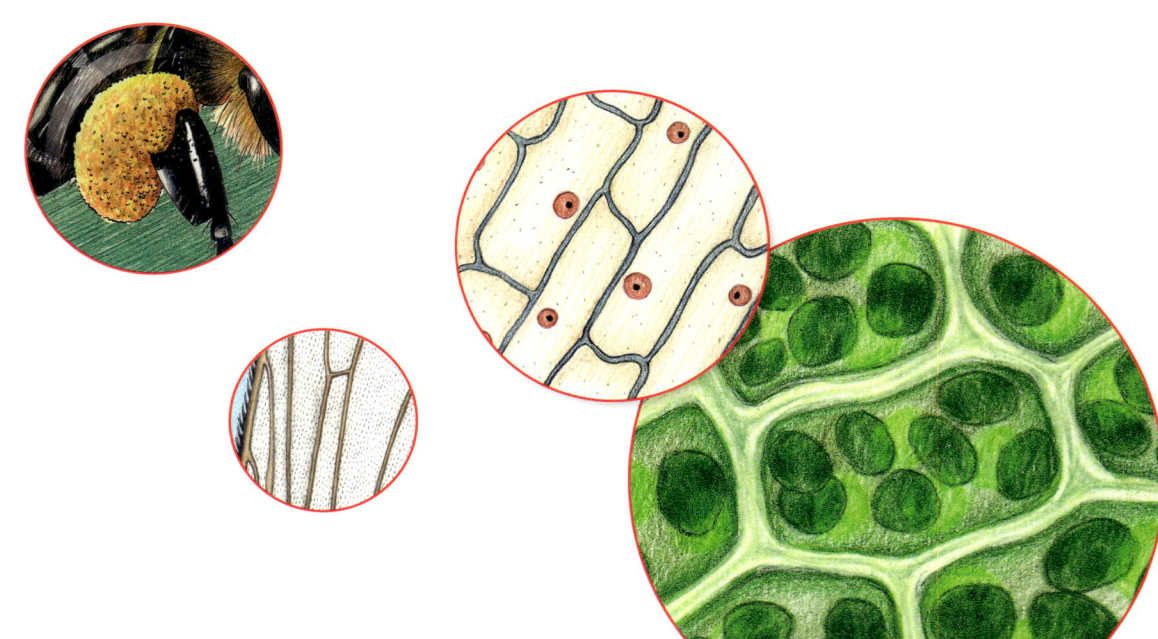

Inhalt

# Kleine Dinge größer sehen

Bevor du Dinge mit dem Mikroskop bei Vergrößerungen von 100-fach und mehr ansiehst, solltest du sie erst einmal mit einer Lupe studieren. Sie zeigt dir eine ganz neue Welt, von der du bisher nichts geahnt hast.

■ Mit der Lupe beobachten

Schon mit einer 6- bis 15-fachen Vergrößerung siehst du scheinbar alltägliche Dinge in ganz ungewohnter Art: Eine Brotkrume sieht aus wie ein großlöcheriger Schwamm. Ein Stein verwandelt sich in ein Gebirge, ein Klumpen Erde wird zur Landschaft mit Bergen und Tälern. Stängel und Blätter wirken plötzlich borstig wie ein Igel. Die Vergrößerung der Lupe ist meist am Rand eingraviert: „4x" heißt zum Beispiel, dass die Lupe eine vierfache Vergrößerung hat.

Das Vorbild für die Lupe: Ein Wassertropfen auf einem Blatt zeigt die Oberfläche mehrfach vergrößert.

Beobachtungsregel

Bevor und nachdem du Beobachtungen mit Lupe oder Mikroskop vornimmst, wasche dir jedes Mal gründlich die Hände.

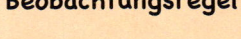

Besonders praktisch sind Einschlaglupen (Klapplupen). Ihre Linsen sollten etwa drei Zentimeter Durchmesser haben. Sie sind durch ein Gehäuse aus Plastik oder Metall geschützt.

Mit solch einer großen, stabilen Kinderlupe, die es in Spielzeuggeschäften gibt, kannst du auf erste Entdeckungsreisen gehen.

Die Stereolupe zum Umschnallen besteht aus zwei einzelnen Lupen, für jedes Auge eine. Damit erscheinen Gegenstände räumlich und längere Beobachtungen sind nicht so anstrengend für die Augen.

Fadenzähler sind Lupen, die vor allem zur Untersuchung von Stoffen benutzt werden.

Besonders praktisch für viele Beobachtungen sind Becherlupen. Du kannst kleine Tiere in das Gefäß setzen und in Ruhe durch die Lupe studieren. Eine Rasterzeichnung am Boden hilft dir bei der Größenbestimmung der Tiere. Luftlöcher sorgen dafür, dass die Lebewesen nicht ersticken. Der Deckel lässt sich auch abnehmen und als normale Lupe verwenden.

■ Richtig beobachten

Wichtig ist gutes Licht, damit du auch feine Einzelheiten erkennen kannst. Du hältst die Lupe vors Auge und führst den Gegenstand, den du beobachten willst, so nahe heran, dass du ihn gut und scharf sehen kannst. Lass dabei das andere Auge offen und versuche, dieses Bild einfach „auszublenden".

Im Garten oder auf der Wiese wirst du mit deiner Lupe viel Neues entdecken. Zum Beispiel Blüten an Gräsern. Sie sind viel unscheinbarer als die Blüten, die du von Blumen kennst.

Mit den Krallen am dicht behaarten Bein kann sich eine Fliege an der Wand und mit den Saugnäpfen an der glatten Fensterscheibe festhalten.

Fingerabdrücke

Unter der Lupe zeigt die Haut deiner Fingerkuppen ein Rillenmuster aus Bögen und Wirbeln. Wenn du zum Beispiel ein Glas angefasst hast, kannst du dieses Muster als „Fingerabdruck" erkennen. Die Kriminalpolizei nutzt solche Abdrücke, um Tätern auf die Spur zu kommen. Jeder Mensch hat ein anderes Fingerabdruckmuster. Es bleibt das ganze Leben lang gleich – selbst dann, wenn man sich in den Finger geschnitten oder verbrüht hat.

Schneeflocke

Du fängst sie am besten auf schwarzem Stoff oder Samt auf, der schon einige Minuten draußen im Kühlen lag. Dann kannst du sie durch die Linse bewundern. Jedes Schneeflöckchen besteht aus sechsstrahligen Kristallsternchen; sie sind mit so vielen Zacken und Spitzen verziert, dass du niemals zwei genau gleiche finden wirst. Vorsicht beim Beobachten: Ein Atemhauch und die Pracht vergeht.

Stoffprobe

Unter der Lupe erkennst du, wie die Fäden im Kleiderstoff verlaufen. Achte darauf, wie unterschiedlich sie miteinander verwoben sind.

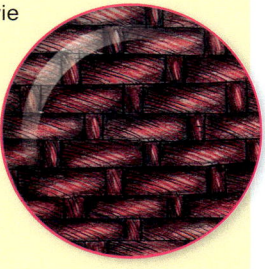

Forschungsexpedition Lebensraum

Tiere und Pflanzen leben in jeweils ganz bestimmten Umgebungen – man nennt sie Lebensräume. Besonders interessant sind Kleinst-Lebensräume wie eine Blüte, ein Moospolster, ein Kuhfladen oder die Borke eines Baumes. Sie bieten viel Aufregendes, das du mit Lupe und Mikroskop erkunden kannst.

■ Borke: Wohnung am Baum

Suche dir einen alten, knorrigen Baum mit zerklüftetem, bemoostem Stamm und untersuche mit der Lupe die Borke. Je nach Umgebung, Art des Baumes und Jahreszeit wirst du unterschiedliche

Moospflänzchen auf einem Baumstumpf

Käfer, Milben, Kleinschmetterlinge und andere Kleintiere entdecken. Am Moos siehst du die kleinen Blätter und winzigen Kapseln, die an Stielen sitzen und wie Miniatur-Vasen mit Deckeln aussehen (mehr dazu auf Seite 24). Löse bei einem gefällten Baum im Wald ein Stück von der Borke ab. Oft haben sich auch hier Insekten versteckt. Mit der Becherlupe kannst du sie gut beobachten.

Ameise mit Wassertropfen

■ Altholz: Leben in der Ruine

Holzstapel sind wichtige Tierwohnungen. Kleine runde Löcher im Holz stammen von holzbewohnenden Insekten. Auf der Borke krabbeln große Waldameisen, darunter leben vermutlich Asseln, Tausendfüßer und Käfer. Wenn du längere Zeit ruhig wartest, landet vielleicht sogar eine Holzwespe auf dem Stamm und bohrt ihren langen Stachel hinein. Damit legt sie Eier tief unten ins Holz, aus denen sich dann Larven entwickeln, die später das weiche Holz fressen.

Wolfsspinne

■ Laubstreu: Die Abfallbeseitiger

Viele Kleintiere leben von den Resten toter Tiere und von abgestorbenen Pflanzen. In der Natur sind diese „Abfallbeseitiger" besonders wichtig, denn sonst würde die Erde unter Tierleichen und vertrockneten Blättern ersticken. Du kannst viele „Müllarbeiter" mit dem Berlese-Apparat finden. Neben vielen Insektenarten wirst du auch Spinnen, Hundertfüßer, Asseln und andere Kleintiere entdecken. Manche von ihnen leben von Blattresten, andere – vor allem Spinnen und Hundertfüßer – sind Räuber und erbeuten andere Kleintiere. Nach dem Beobachten bringst du die Tiere wieder in ihren Lebensraum im Wald zurück und kannst zuschauen, wie sie rasch im Laub verschwinden.

Berlese-Apparat

Fülle etwas Laubstreu aus tieferen Schichten in einen Plastiktrichter (10 bis 15 Zentimeter Durchmesser), dessen Hals in ein Glas ragt. Nun richtest du von oben her das Licht einer Schreibtischlampe darauf. Helligkeit, Wärme und Austrocknung treiben die Kleintiere nach unten, bis sie schließlich ins Glas fallen. Nun kannst du sie mit einem angefeuchteten weichen Pinsel herausfischen und unter der Lupe studieren.

Umgang mit Lebewesen

Denke bitte daran, dass jedes Tier, und sei es noch so klein, leben will. Töte keine Tiere, schon gar nicht, um sie nur zu beobachten. Sei beim Einfangen ganz vorsichtig, damit du ihnen nicht wehtust. Schütze sie vor zu viel Wärme, etwa durch Sonneneinstrahlung. Außerdem solltest du kein Tier länger als einige Minuten einsperren. Und setze die Tiere nach der Beobachtung wieder genau dort aus, wo du sie eingefangen hast.

■ Erdboden: Fruchtbares Leben

Wenn du ein Stück Garten umgräbst und dabei die Augen offen hältst, wirst du sicher Erdbewohner entdecken. Setze sie auf eine weiße Untertasse und schaue sie dir mit der Lupe an. Viele Insekten verbringen im Schutz des Bodens ihre Jugendzeit. In einer einzigen Handvoll richtig guten Bodens gibt es weitaus mehr Lebewesen als Menschen auf der Erde. Allerdings kannst du nur wenige mit bloßem Auge studieren. Regenwürmer, Asseln, Tausendfüßer, Hundertfüßer, Schnecken, Ameisen oder Käfer kannst du zwar ohne Hilfsmittel sehen, aber sie lassen sich nur mit der Lupe wirklich gut beobachten.

Ohrwurm

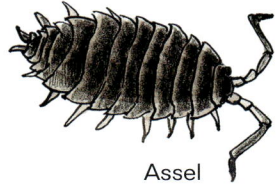

Assel

Kuhfladen: Vom Gestank angelockt

Auch wenn es nicht sehr appetitlich ist, solltest du dich neben einen frisch gefallenen Fladen hinhocken und beobachten, welche Insekten angeflogen oder angekrochen kommen: rote und braune Dungkäfer, gelbe, dicht behaarte Mistfliegen und dicke schwarze Mistkäfer kannst du entdecken und unter der Lupe betrachten. Sie haben über große Entfernungen hinweg den Geruch des Fladens wahrgenom-

men und legen nun ihre Eier hinein – für die sich entwickelnden Larven ist der Fladen Nahrung und Schutz zugleich. Nach einigen Tagen werden aus den Larven fliegende Insekten: An einem älteren, längst eingetrockneten Fladen siehst du die runden Löcher, aus denen sie ihn wieder verlassen haben.

Wiese: Gelbe Wohnung

Schüttle doch mal Blüten von Löwenzahn auf ein weißes Papier und studiere die winzigen Käfer und geflügelten Tiere, die sich zwischen den Blütenblättern verborgen hielten und nun davoneilen.

Blüte: Die Tankstelle

Pflanzen treiben ihre bunten Blüten, um Insekten anzulocken. Du kannst die Blütenbesucher gut beobachten, wenn du dich mit der Lupe ganz vorsichtig und langsam näherst. Einfangen solltest du sie nicht, schaue sie lieber nur an. Achte auf die unterschiedlich geformten Rüssel, auf die verschiedenen Flügelformen und auf die im Verhältnis zum Körper riesigen Augen der Insekten. Auf den weißen Doldenblüten triffst du eine große Zahl verschiedener Arten an. Bienen, Hummeln und bunte Käfer naschen Nektar und sammeln Blütenstaub ein. Schmetterlinge allerdings können nur Nektar tanken: Sie rollen ihren langen Rüssel aus und saugen ihn damit wie durch einen Trinkhalm ein.

1 Kleiner Fuchs
2 Dungkäfer
3 Besucher einer Doldenblüte: Käfer, Hummeln, Fliegen, Schwebfliegen
4 Honigbiene

In den Kühlschrank

Wenn du dir gefangene Insekten in Ruhe ansehen willst, lege sie etwa zehn Minuten in den Kühlschrank. Das macht ihnen für diese kurze Zeit gar nichts aus, hemmt aber ihre Beweglichkeit. Und dann: Schnell ansehen und wieder freilassen.

Kescher-Selbstbau

Biege dicken, mit Kunststoff umhüllten Draht zu einer Schlaufe (1). Klebe sie mit Paketklebeband an einen Besenstiel (2) und nähe daran das Fußteil eines alten Nylonstrumpfes (3). Fertig ist das Fanggerät!

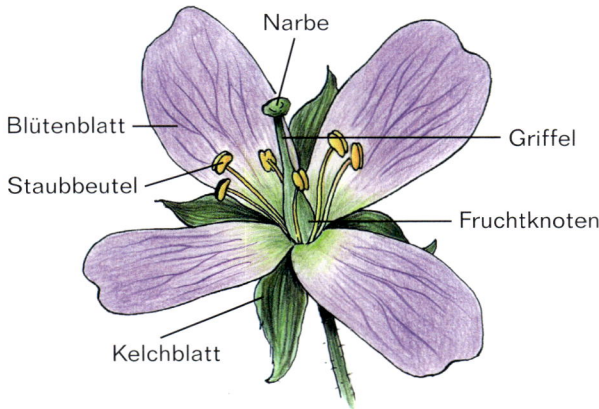

Narbe
Blütenblatt
Griffel
Staubbeutel
Fruchtknoten
Kelchblatt

Hinterleib
Flügel
Brust
Kopf
Auge
Fühler
Rüssel
Mittelbein
Vorderbein
Hinterbein
Fuß

■ Tümpel: Jagd unter Wasser

Um das Leben im Wasser zu erforschen, solltest du außer der Lupe einen Kescher und eine weiße, flache Schale oder einen weißen Teller haben. In Aquariengeschäften gibt es Kescher zu kaufen oder du kannst dir ganz einfach selbst einen bauen. Ziehe den Kescher ein paar Mal durchs offene Wasser. Was sich dann darin gesammelt hat, schüttest du zur Untersuchung vorsichtig in die Schale oder auf den Teller. Du stößt vielleicht auf Kaulquappen, die Jugendformen von Fröschen, Kröten oder Molchen. Vielleicht gehen dir auch Schwimmkäfer, Wasserwanzen, Wasserläufer oder Insektenlarven ins Netz.

Die ein Zentimeter große Wasserassel ist fast überall zu finden.

Köcherfliegenlarven in ihrem Köcher findet man am Grund von Bach und Tümpel.

An Steinen im Bach findest du Eintagsfliegenlarven.

Mückenlarven hängen unter der Wasseroberfläche.

Achtung: Austrocknungsgefahr

Achte unbedingt darauf, dass die Tiere von Wasser bedeckt sind, sonst trocknen sie aus. Gleich nach der Untersuchung setzt du sie am besten wieder zurück in den Tümpel.

Das Mikroskop

Viel stärkere Vergrößerungen als eine Lupe erlaubt das Mikroskop. Denn es besteht nicht aus nur einer einzigen Linse, sondern aus zwei Gruppen von genau zueinanderpassenden Linsen. Gute Mikroskope erlauben mehrere Vergrößerungen: schwache für einen Überblick und stärkere für interessante Einzelheiten.

Besser als ein einfaches Mikroskop aus dem Kaufhaus ist ein Mikroskop mit zuverlässiger Scharfeinstellung, für das du später Teile zukaufen kannst, zum Beispiel andere Objektive. Anfangs genügen ein 5- und ein 10-faches Okular und 5-, 10- und 30-fache Objektive.

Einzelnes Objektiv

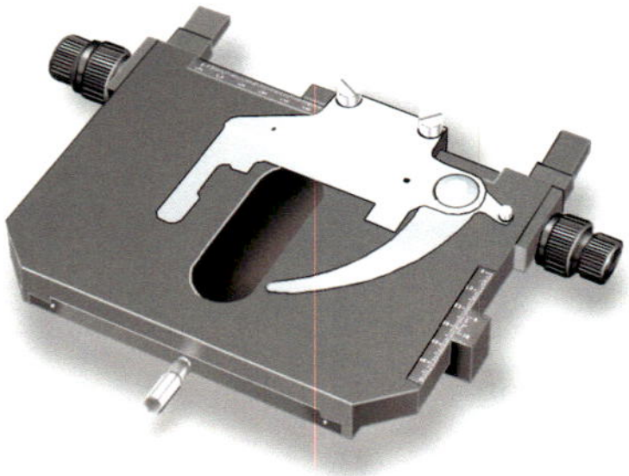

Mit dem Kreuztisch, einem nützlichen Zubehör, kann man den Objektträger mit dem Präparat bequem und genau hin und her bewegen.

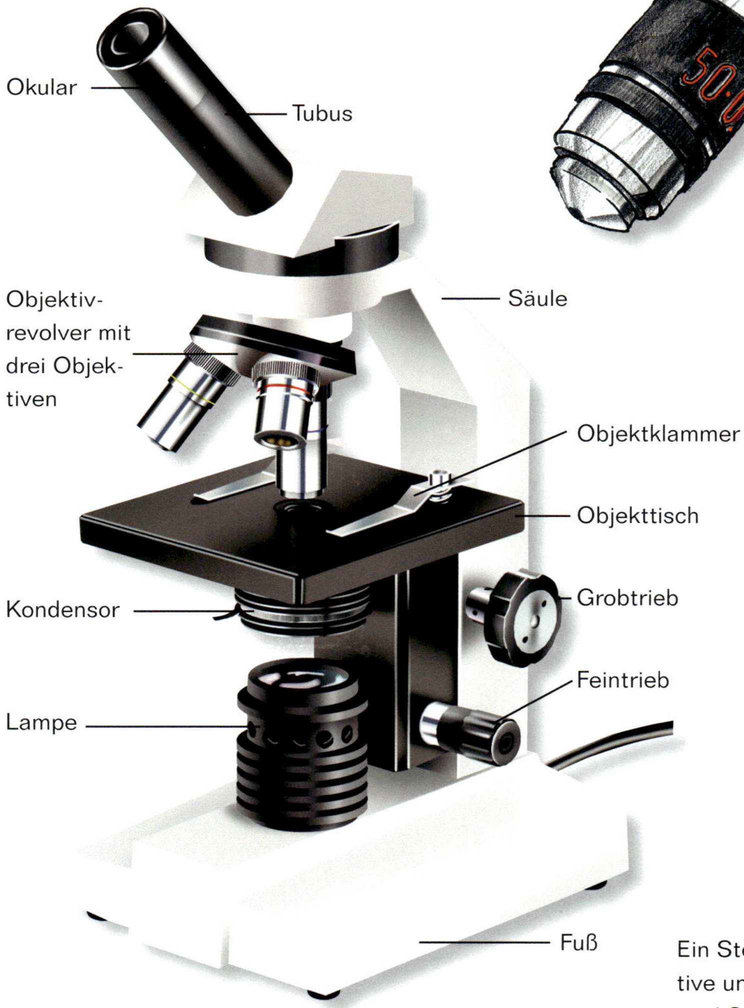

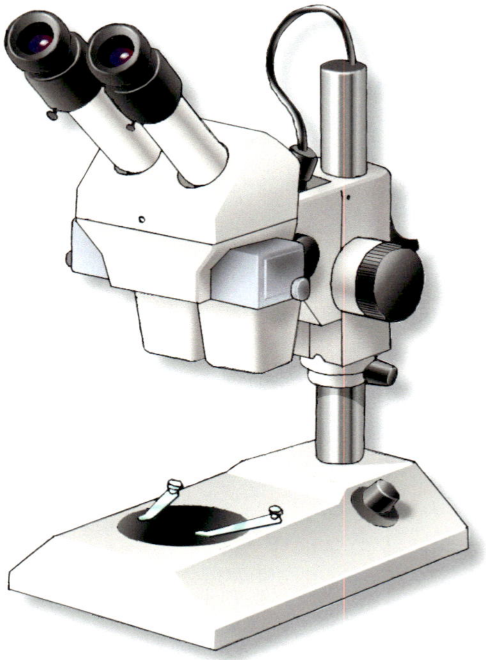

Okular

Tubus

Säule

Objektiv-
revolver mit
drei Objek-
tiven

Objektklammer

Objekttisch

Grobtrieb

Kondensor

Feintrieb

Lampe

Fuß

Ein Stereo-Mikroskop besitzt zwei Okulare und zwei Objektive und kann daher Gegenstände räumlich zeigen. Leider sind Stereo-Mikroskope sehr teuer.

▪ Die Vergrößerung

Okulare und Objektive gibt es mit unterschiedlichen Vergrößerungen. Einfaches Malnehmen ergibt die Gesamtvergrößerung: Ein 5-faches Okular und ein 30-faches Objektiv zum Beispiel stellen ein Beobachtungsobjekt 150-mal größer dar, als es in Wirklichkeit ist. Außer der Vergrößerung ist für die Qualität eines Mikroskops sein „Auflösungsvermögen" wichtig. Darunter versteht man die Fähigkeit, zwei winzige, nahe beieinander liegende Strukturen getrennt darzustellen. Das Auflösungsvermögen ist bei guten Mikroskopen auf den Objektiven neben der Vergrößerung eingraviert. Der Maßstab für das Auflösungsvermögen ist die „numerische Apertur" (abgekürzt „n. A."): je größer, desto besser.

Pflege-Tipp

Reinige die Linsen und den Objekttisch nur mit einem weichen Tuch. Lass immer ein Okular im Tubus stecken. Wenn das Mikroskop gerade nicht in Gebrauch ist, schütze es vor Staub.

Richtig scharf stellen

Wähle das schwächste Objektiv und fahre den Objekttisch mit dem Grobtrieb so weit wie möglich nach oben. Dabei schaust du noch nicht durchs Okular, sondern passt von der Seite her auf, dass die Objektivlinse nicht aufs Deckglas stößt und beschädigt wird. Erst dann blickst du durch das Mikroskop und drehst am Feintrieb, bis das Bild richtig scharf ist.

Viele Beobachtungsobjekte kann man dauerhaft haltbar machen, indem man sie in durchsichtiges Harz einbettet (auf Seite 29 steht, wie`s gemacht wird). Man bewahrt diese Dauerpräparate dann in solchen Kästen auf.

▪ Ausrüstung für Anfänger

Zum Mikroskopieren ist nur wenig und günstiges Zubehör nötig. Auf Seite 46 steht, wo du es bekommst.

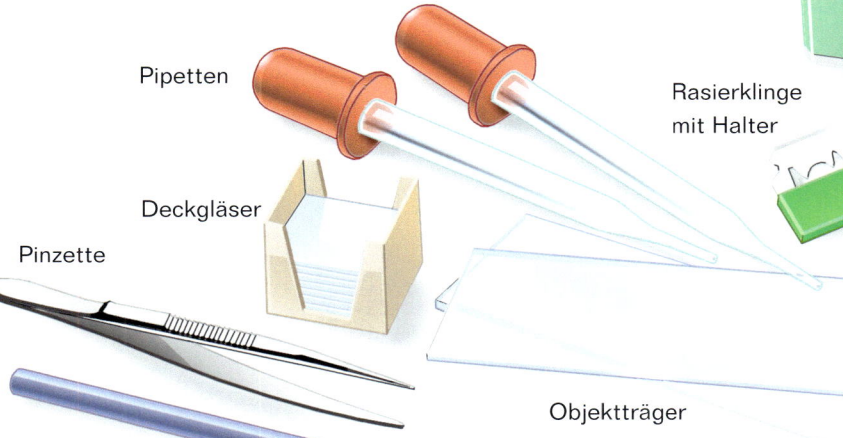

Pipetten

Deckgläser

Pinzette

Präpariernadel

Objektträger

Einschlussmittel

Färbemittel

Schere

Rasierklinge mit Halter

Skalpell

Erste Mikrobeobachtungen

Du kannst Dinge, die du findest, nicht einfach unters Mikroskop legen. Du musst sie zuerst für die Beobachtung vorbereiten. Man nennt das „ein Präparat herstellen". Meist ist das aber ganz einfach: Du brauchst nur Objektträger, Deckglas, etwas Wasser – und schon geht`s los.

■ Erstes Präparat aus Algen herstellen

Zunächst gibst du einen Wassertropfen auf den Objektträger (1). Dann legst du die Algen hinein (2 und 3) und legst vorsichtig das Deckglas auf, ohne es anzudrücken (4). Nun kannst du mit Löschpapier das überschüssige Wasser absaugen (5). Pass auf, dass du keine Luftblasen unter dem Deckglas einschließt!

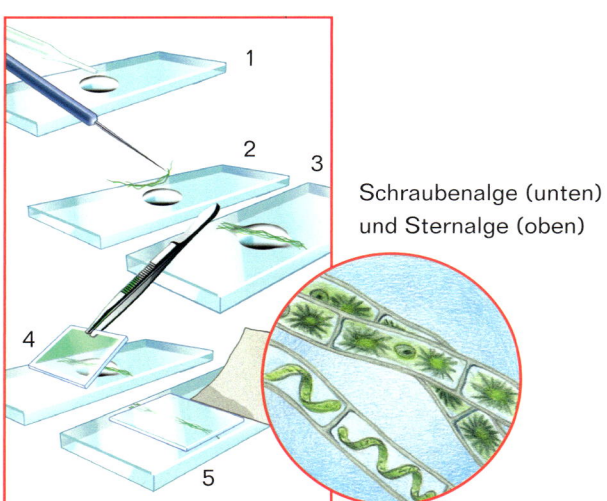

Schraubenalge (unten) und Sternalge (oben)

■ Grüne Fäden

Ein guter Anfang ist die Untersuchung der grünen Algenwatte aus dem Teich. Stelle ein Präparat her, lege es unters Mikroskop und schaue es bei geringster Vergrößerung an. Du siehst grünliche Fäden, die aus langen Reihen von „Zellen" bestehen, die mit grünen Körnern oder Bändern gefüllt sind. Den grünen Stoff nennt man Blattgrün; mit ihm nutzen die Algen Energie aus dem Sonnenlicht.

■ Zwiebel häuten

Teile eine Zwiebel (1). Dann ritzt du die Schale quadratisch ein (2) und schneidest ein hauchdünnes Häutchen heraus, das du mit der Pinzette abnimmst (3). Jetzt kannst du das Präparat herstellen (4).

Zellen einer Zwiebel

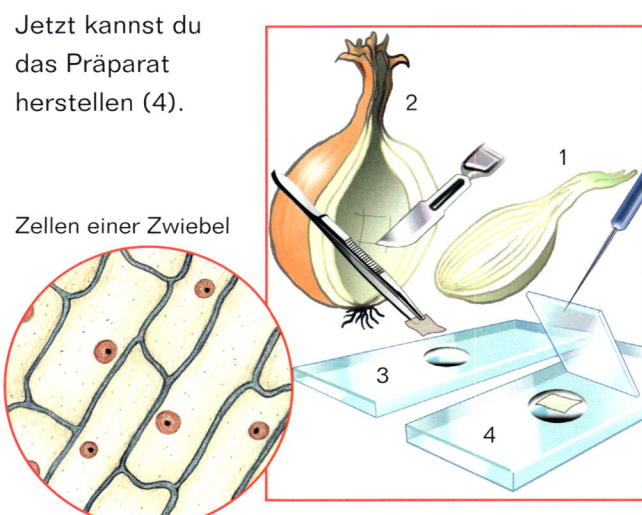

■ Haut einer Zwiebel

Auch eine Zwiebelhaut besteht aus Zellen. Unter dem Mikroskop siehst du, dass sie wie Mauersteine nebeneinandersitzen. Vor allem die Zellwände sind gut zu erkennen. Bei stärkerer Vergrößerung entdeckst du vielleicht in jeder Zelle einen rundlichen Fleck. Man nennt ihn den Zellkern. Er wird besser sichtbar, wenn du neben das Deckglas ein Tröpfchen Iodtinktur (Bezugsquelle siehe Seite 46) setzt und von der anderen Seite her mit etwas Löschpapier unters Deckglas saugst. Das Iod färbt die Zellwände und Zellkerne bräunlich und macht sie so besser sichtbar.

Zellforschung mit Zucker

Zellen sind mit einer durchsichtigen Masse gefüllt, dem Zytoplasma. Mit einem Trick kannst du es sichtbar machen. Du brauchst dazu konzentrierte Zuckerlösung. Um sie herzustellen, gibst du in etwas Wasser unter Umrühren so viel Zucker, wie sich darin auflöst.

Nun fertigst du ein Präparat vom Zwiebelhäutchen in einem Tropfen Zuckerlösung an, deckst das Deckglas darüber und wartest etwa 15 Minuten. Schaust du dann durchs Mikroskop, siehst du das Zytoplasma als dunklen Fleck in jeder Zelle. Die Zuckerlösung hat Wasser aus den Zellen herausgesaugt, dadurch ist das Zytoplasma zusammengeschrumpft und nun zu erkennen.

Mückensehen

Beim längeren Blicken durchs Okular siehst du eigenartige Körner und Fäden, die durchs Bild huschen – die „Mücken". Diese kurzfristige Sehstörung zeigt an, dass du deinen Augen eine Pause zum Ausruhen gönnen solltest. Schließe sie einige Sekunden oder schaue aus dem Fenster.

Größenmessung

Manchen Mikroskopen liegt ein durchsichtiges Plättchen mit einer winzigen Maßeinteilung bei. Das ist ein „Mikrometer", ein winziger „Zollstock". Du legst es auf den Objekttisch, stellst es scharf und zählst, wie viele Teilstriche bei der jeweiligen Vergrößerung zu erkennen sind. Je nach Mikrometer sind diese Teilstriche 1/10 oder 1/20 Millimeter oder noch weniger auseinander – das steht meist am Rand vermerkt. Nun kannst du durch Vergleich die Größe eines Objekts abschätzen.

So entfernst du Luftblasen

Setze mit der Pipette direkt neben das Deckglas einen Tropfen Wasser. Halte Löschpapier an die andere Seite des Deckglases. Es saugt den Wassertropfen unter das Deckglas und reißt dabei die Luftbläschen mit.

Mikro-Tagebuch

Wenn du etwas zeichnest, entdeckst du viel mehr Einzelheiten daran, als wenn du es dir nur flüchtig anschaust. Du solltest daher alles Interessante, das du im Mikroskop siehst, in ein Mikro-Tagebuch zeichnen. Dazu schreibst du dann, was es ist, etwa „Fadenalge aus der Regentonne", und wann und wo genau du es gefunden hast. Wichtig sind auch Vergrößerung und etwaige Vorbehandlungen, etwa mit Farbstoffen. Du kannst auch vermerken, was du zum Beispiel in einem Bestimmungsbuch über dieses Objekt gefunden hast. Im Laufe der Zeit wird dein Schatz an Beobachtungen immer weiter wachsen.

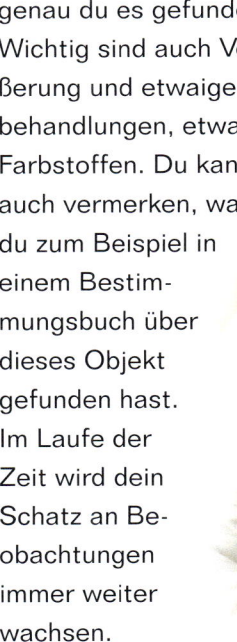

Leben im Wassertropfen

Es gibt Lebewesen, die sind so klein, dass ein Tropfen Wasser für sie die ganze Welt darstellt. Man nennt sie alle zusammen „Plankton". Nur mit dem Mikroskop kann man sie sehen. Suche dir einen kleinen Tümpel, darin wirst du genügend Beobachtungsstoff finden. Die Plankton-Beobachtung gehört zu den spannendsten Erlebnissen mit dem Mikroskop.

■ Ein Tropfen – die Welt

Wenn du oft Plankton beobachtest, werden dir häufige Arten bald vertraut werden. Viele findest du nur an bestimmten Stellen – im Schlamm, an der Unterseite von Blättern im Wasser, in einer Probe, die du von einem algenbewachsenen Stein abgekratzt hast, oder im freien Wasser. Jedes Gewässer hat eine andere Plankton-Zusammensetzung, sie verändert sich zudem mit der Jahreszeit. Auch Aquarienfilter, faulendes Wasser in Blumenvasen, Wasserreste in der laubgefüllten Dachrinne, Regentonnen und Vogeltränken sind oft reich an Plankton. Nur in einem Tropfen aus dem Wasserhahn wirst du nichts finden.

■ Heuaufguss

Selbst im Winter musst du nicht auf Plankton-Beobachtung verzichten. Du stopfst einfach eine Handvoll Gras oder Heu in ein altes Einmachglas, schüttest Tümpelwasser darüber (mit Leitungswasser geht es weniger gut) und stellst das Gefäß eine Woche aufs Fensterbrett. Du wirst erstaunt sein über die Mengen an Lebewesen, die nun im Wasser zu finden sind. Sie haben vorher am Heu gesessen und finden jetzt in der Brühe prächtige Lebensbedingungen. Das Seltsame an den meisten dieser Wesen ist ihr durchsichtiger Körper: Du kannst bequem in ihr Inneres schauen. Lässt du den Heuaufguss noch ein paar Wochen stehen, kannst du beobachten, wie sich die Artenzusammensetzung im Laufe der Zeit verändert.

■ Was zuckt denn da?

Am Anfang wirst du die Vielzahl der verschiedenen Planktonwesen verwirrend finden. Aber keine Sorge: Schon nach ein paar Beobachtungen kannst du die wichtigsten Gruppen unterscheiden, die auf dieser und den nächsten Seiten vorgestellt werden. Wenn du noch mehr wissen willst, hilft dir ein gutes Bestimmungsbuch (Tipps auf Seite 46).

■ Wasserflöhe

erkennst du an den ruckartigen Bewegungen. Sie gehören zu den Kleinkrebsen. Wenn du einen zwischen Objektträger und Deckglas leicht einklemmst, kannst du ihn genau betrachten: die gefiederten Antennen am Kopf, mit denen er sich ruckartig durchs Wasser bewegt, das schwarze Auge, das schlagende Herz, den gefüllten Darm und vielleicht Eier.

■ Muschelkrebse

besitzen zwei feste Schalen, die ihren Körper fast ganz einschließen und schützen. Nur die Antennen, mit denen sie durchs Wasser rudern, schauen heraus.

Feuchte Kammer

Allzu lange kannst du eine Plankton-Probe nicht beobachten. Sie trocknet bald aus und die Wesen sterben. Es gibt aber einen Trick: Forme aus Knetmasse einen kleinen Ring von etwa einem halben Zentimeter Durchmesser und gut einem Millimeter Höhe auf dem Objektträger, fülle etwas von deiner Probe hinein und drücke ein Deckglas so darauf, dass keine Öffnung bleibt, durch die Wasser verdunsten kann (vorsichtig, damit das Glas nicht zerbricht!). Mit einer solchen „feuchten Kammer" kannst du die Tiere tagelang anschauen.

Wassermilbe

Plankton anreichern

Bestimmte Planktonarten leben nur im offenen Wasser eines Tümpels oder Sees. Dort ist allerdings die Zahl der Einzelwesen nicht sehr hoch; in einem Tropfen wirst du daher wenig finden. Um sie anzureichern, kannst du dir mit einem Trick helfen: Du schüttest einige Liter Teichwasser durch einen Kaffeefilter, der in einem Trichter steckt. Was im Filter zurückbleibt, spülst du vorsichtig mit wenigen Tropfen Teichwasser in ein Glasröhrchen und entnimmst mit der Pipette eine Probe zum Untersuchen. Forscher fangen Plankton mit einem Planktonnetz, einem Kescher aus feinmaschigem Stoff.

■ Süßwasserpolypen

(Hydra) sind grünliche Gebilde, die bis zu einem Zentimeter groß werden. Mit ihren Fangarmen erbeuten sie kleine Wassertiere.

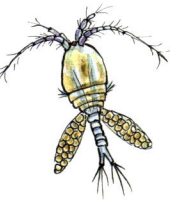

■ Hüpferlinge

zucken wie Wasserflöhe, haben aber einen länglichen Körper. Manche tragen rötliche Eiballen beiderseits am Schwanz.

■ Strudelwürmer

sind sehr beweglich. Achte auf die Augen und den am Bauch liegenden Mund.

■ Pantoffeltierchen

gehören zu den Wimperntierchen, denn der Körper dieser Einzeller ist von tausenden winzigen, sich bewegenden Härchen bedeckt. Damit rudern sie geschickt durchs Wasser oder strudeln sich Nahrung zu.

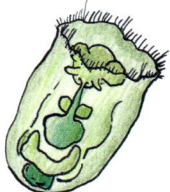

■ Sack-Rädertiere

haben einen blasig aufgetriebenen Körper und zwei ausschwenkbare Zangen zum Ergreifen von Beute. Sie gehören zur großen Gruppe der Rädertiere. Sie bestehen aus vielen winzigen Zellen mit einer Fülle von Organen, etwa Mund, Magen, Darm, Hirn, Muskeln und Geschlechtsorgane.

■ Rattenschwanz-Rädertiere

haben einen unregelmäßig verdrehten Körper mit langem Schwanz; sie schwimmen in Schraubenlinien.

■ Reusen-Rädertierchen

haben eine Krone aus mehreren Lappen, an denen lange Wimperborsten sitzen. Sie können Beutetiere blitzschnell in den zu einem großen Fangtrichter umgebildeten Mundbereich schleudern.

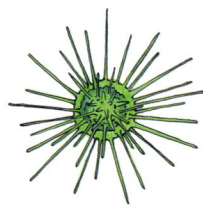

■ Sonnentierchen

bestehen aus einer Kugel, von der in alle Richtungen strahlenartige Fortsätze ausgehen. Andere Plankton-Lebewesen, die sie berühren, bleiben dran hängen und werden verzehrt.

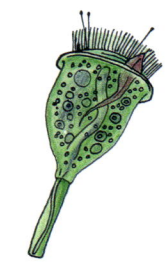

■ Glockentierchen

sitzen meist jeweils in Gruppen an einer Art Stiel an Algenfäden fest. Klopfst du leicht gegen den Objekttisch, rollen sich die Stiele auf. Nach einigen Sekunden strecken sie sich wieder.

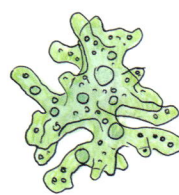

■ Amöben

sind etwas Besonderes: Sie haben keine feste Form, sondern wirken wie unregelmäßig geformte „Pfützchen" aus Schleim. Sie bewegen sich langsam. Amöben umfließen ihre Nahrungsteilchen und nehmen sie so in den Körper auf – einen Mund haben sie nicht.

Gleich beobachten!

Manche Planktonwesen sind empfindlich. Wenn du sie in einem Proberöhrchen nach Hause bringst und sich dabei das Wasser erwärmt, kann sie das schon töten. Fülle die Gläschen deshalb auf jeden Fall randvoll. Transportiere sie dann in einer Thermosflasche, in die du zuvor zu Hause zwei Eiswürfel aus dem Gefrierfach hineingetan hast. Am besten aber nimmst du dein Mikroskop und das Zubehör, sicher verpackt, mit zum Tümpel hinaus und untersuchst die Proben ganz frisch.

■ Borstenschwanz-Glockentierchen

sitzen nicht (wie andere Glocken-tiere) an einem Pflanzenstiel, son-dern schwimmen frei durchs Was-ser, den Mundbereich mit dem Wimpernkranz voran. Sie tragen am Hinterleib mehrere Borsten, mit denen sie durchs Wasser schnellen. In Gräben, Teichen und schmutzigen Wegpfützen kann man diese Tiere antreffen.

■ Trompetentierchen

sind länglich geformte Wimpertie-re, sie können sich aber auch zu einer Art Kugel zusammenziehen. Der Körper ist meist durch kleine Algen grünlich, bei einer bestimm-ten Art auch rötlich gefärbt. Mit dem Wimpernkranz am Vorderen-de strudeln sie sich Nahrungs-teilchen zu. Mit dem Hinterende können sie sich an Unterlagen (etwa Algenfäden oder verrotten-den Blättern) festhalten. Sie kom-men in überdüngten, stehenden Gewässern mitunter in riesigen Mengen vor.

■ Schalenamöben

schützen sich durch ein Gehäu-se, das bei manchen Arten durch winzige Steinchen oder Kiesel-plättchen noch verstärkt ist. Aus der Schale ragen Scheinfüßchen, mit denen sie sich langsam fort-bewegen. Viele leben in feuchtem Erdboden oder in Moosrasen.

Planktontiere bremsen

Die rasche Bewegung der Wimpern bei Wimpertier-chen kannst du besser beobachten, indem du etwas verdünnten Tapetenkleister (Glutolin) in den Wasser-tropfen gibst und die Lebewesen so etwas bremst. Löse dazu einen Teelöffel voll Glutolinpulver in ei-nem Glas warmem Wasser auf (gut umrühren!) und sauge mit Löschpapier ein Tröpfchen davon zu dem Wassertröpfchen unter dem Deckglas (siehe Seite 13). Manche Tropfenbewohner haben keine Wimpern, son-dern Geißeln. Das sind peit-schenartige Fortsätze, die sie kreisförmig bewegen, um vorwärtszukommen.

Fang den Floh!

Nimm von deiner Pipette das Gummihütchen ab und drehe das Glasrohr um. Halte es, mit dem Finger ver-schlossen, über einen Wasserfloh. Nimmst du nun kurz den Finger weg, schießt das Wasser ins Röhr-chen und reißt den Kleinkrebs mit. Sofort drückst du den Finger wieder auf das Röhrchen, ziehst es aus dem Wasser und setzt den Wasserfloh vorsichtig auf dem Objektträger ab, indem du den Finger wieder vom Glasrohr nimmst.

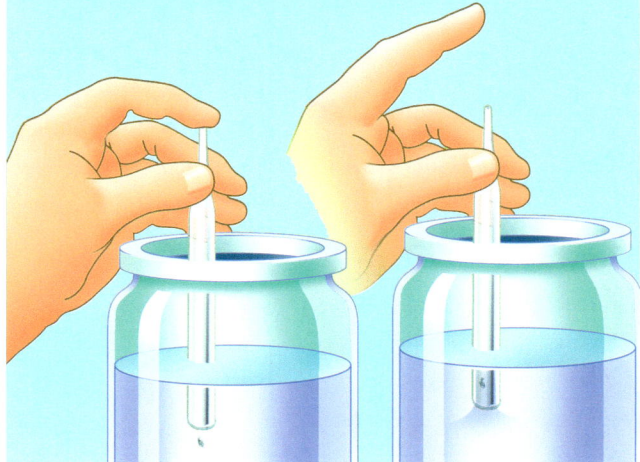

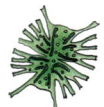

Ausflug ins Grüne

Im Wassertropfen gibt es Lebewesen, die sich von anderen Lebewesen ernähren. Du hast sie auf den letzten drei Seiten kennengelernt. Es gibt aber auch solche, die wie die Pflanzen Blattgrün enthalten und ihre Nahrung direkt mithilfe des Sonnenlichts erzeugen können. Viele davon siehst du auf dieser Doppelseite.

■ Blaualgen

sind die einfachsten Algenarten und bilden meist runde kleine Zellen, die einzeln oder zu Fäden zusammengeschlossen vorkommen. Die Farbe ist häufig Blaugrün und oft sind die Zellen von einer durchsichtigen Gallerte umgehen. Hier siehst du die Schraubige Ringelalge.

■ Flagellaten

nennt man Einzeller, die am Körper eine oder mehrere Geißeln tragen. Das sind peitschenartige Schnüre, die sie schwingen und drehen können, um sich durchs Wasser zu bewegen. Hier ist der Viergeißelflagellat abgebildet.

■ Grünalgen

vermehren sich im Sonnenlicht oft sehr stark und färben das Wasser grünlich. Weltweit kennt man etwa 7000 Süßwasserarten. Manche sind einfach runde oder eiförmige Gebilde mit einigen Blattgrünkörperchen darin, andere ähneln zierlichen Sicheln oder bilden wunderschöne, vielfach gezackte Sterne. Einige Grünalgen besitzen Geißeln, mit denen sie sich durchs Wasser treiben. Es gibt sogar Grünalgen, die außerhalb von Tümpeln leben: etwa in der obersten Schicht des Erdbodens, auf feuchten Baumstämmen oder Steinen oder sogar im Körper von einem anderen Wassertropfen-Bewohner. Abgebildet sind Basalmembran-Grünalge (1), Sichelförmige Pfeilalge (2), Dreiecks-Grünalge (3) und Zipfelhohlstern (4).

1

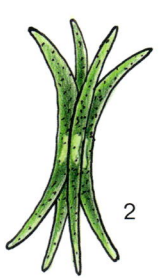
2

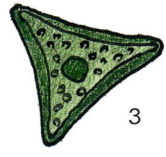
3

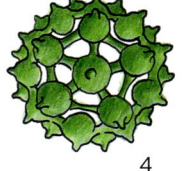
4

Gas aus Algen

Die grünen Algen sind außerordentlich wichtig. Sie erzeugen mithilfe des Sonnenlichts Sauerstoff, den alle Lebewesen (auch wir Menschen) zum Atmen brauchen. Mit einem einfachen Experiment kannst du die Sauerstoffproduktion nachverfolgen. Gib einige Algen in eine große durchsichtige Vase, die du fast bis zum Rand mit Wasser füllst. In die Vase tauchst du ein Glas mit der Öffnung nach unten ein und lässt es sich mit Wasser füllen. Nun stülpst du es über die Algen. Jetzt stellst du die ganze Anordnung einige Stunden ins volle Sonnenlicht. Von den Algen werden glänzende Gasblasen aufsteigen und sich oben im Glas sammeln: Das ist der Sauerstoff.

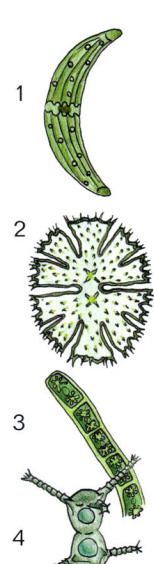

■ Jochalgen

sind die schönsten Grünalgen und ihre grünen Gehäuse sind fast immer symmetrisch gebaut. Manche Arten (die Zieralgen) bilden einzelne Zellen, andere lange Fäden. Sie vermehren sich, indem sich zwei Zellen aneinanderlegen und eine Brücke („Joch") ausbilden. Viele Zieralgen findet man im bräunlich-grünen Wasser von Mooren, etwa Hochmooren. Abgebildet sind die Große Mondalge (1), der Stachelstern (2), die Sternalge (3) und der Sechsarmige Dornenstern (4). Auch die Schraubenalge (siehe Seite 12) gehört in diese Gruppe.

Muster der Kieselschalen

Tropfe eine Probe mit vielen Kieselalgen auf ein Deckglas und lasse das Wasser verdunsten. Halte dann das Deckglas mit einer Pinzette fest und erhitze es über einer kleinen Flamme. Dabei verbrennen alle lebenden Teile außer den Kieselschalen. Lege nun das Deckglas mit der „Algenseite" nach oben auf den Objekttisch und betrachte sie mit deiner stärksten Vergrößerung.

Vorsicht mit Feuer!

Beim Umgang mit Feuer musst du stets einen Erwachsenen dazuholen!

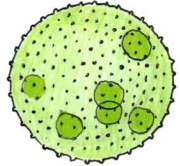

■ Volvox

wirst du schon auf den ersten Blick erkennen: Die Kugelalge ist eine gallertige Hohlkugel aus grünen Pünktchen, in deren Innerem unzählige kleine Einzelzellen heranwachsen. Wenn die große Kugel stirbt, werden sie frei. Du triffst diese Alge in jaucheverschmutzten Tümpeln manchmal in dichten grünen Wolken an.

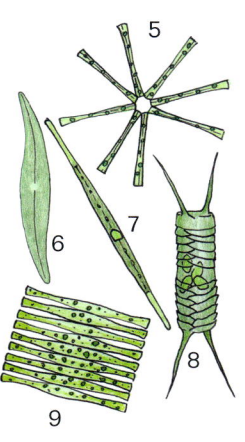

■ Kieselalgen

findest du als schmierige Beläge auf überfluteten Steinen. Unterm Mikroskop aber zeigen sie wunderschöne Formen. Sie bestehen aus zwei „Schachteln" aus Kieselsubstanz, die wie die Teile einer Käseschachtel ineinanderstecken. Abgebildet sind das Schwebesternchen (5), die Sigma-Kieselalge (6),

die Nadel-Kieselalge (7), die Körnchen-Kieselalge (8) und die Kamm-Kieselalge (9).

■ Goldalgen und Rotalgen

kommen im Meer und im Süßwasser vor. Goldalgenzellen tragen oft zwei ungleich lange Geißeln, ihr Blattgrün ist goldbraun gefärbt. Rotalgen triffst du an der Meeresküste. Sie bilden rötliche, vielfach verzweigte Fäden. Süßwasser-Rotalgen findest du an feuchten, schattigen Stellen, manche auch an alten bewachsenen Mühlrädern. Abgebildet sind die Rasen-Rotalge (10) und das Traubenbäumchen (11).

Feinbau der Pflanzen

Ohne Pflanzen könnte kein Tier und kein Mensch leben. Denn dank des grünen Farbstoffs Chlorophyll können sie aus Luft, Wasser und Sonnenlicht Traubenzucker erzeugen. Und daraus stellen sie dann Nahrung und Baustoffe für sich und für die Tiere her. Sie geben dabei Sauerstoff ab, den die Lebewesen zum Atmen brauchen.

■ Löcher zum Atmen

Die wichtigsten „Sauerstoff-Fabriken" sind die Blätter. Doch wie tritt die nötige Luft ins Blatt ein und wo kommt der Sauerstoff heraus? Um das zu erkunden, musst du einem Blatt die Haut der Unterseite abziehen. Gut geeignet sind dafür Blätter der Tulpe. Dir werden sofort eigenartige Gebilde auffallen: jeweils zwei nierenförmig gekrümmte Zellen, die ein längliches Loch umschließen. Durch diese Löcher atmet die Pflanze; man nennt sie Spaltöffnungen. Suche sie auch an den Blättern anderer Pflanzen, etwa Gräsern, Nelken oder Buchen.

Fallschirm der Pusteblume

■ Haarige Sachen

Da die Pflanzen auch Nahrung für Tiere darstellen, haben sie Mechanismen entwickelt, mit denen sie sich davor schützen, gefressen zu werden. Dazu zählen zum Beispiel Dornen, Stacheln oder Haare. Mit einer Rasierklinge kannst du Haare von Blättern und Stängeln der verschiedenen Pflanzen abrasieren, in einem Tröpfchen Wasser mikroskopieren und die Formen vergleichen. Am Efeu wirst du sternförmige Haare finden. Beim Wollkraut sind sie vielfach verzweigt. Wie kleine Stacheln sehen Haare auf den Blättern von Tomate, Sonnenblume, Klatschmohn oder Haselnuss aus. Untersuche auch die feinen Haare an den Früchten des Löwenzahns (der „Pusteblume").

Sternförmige Haare auf einem Efeu-Stängel

Haut abziehen

Du ritzt vorsichtig mit einem Skalpell ein Viereck in die Haut der Blattunterseite. Dann nimmst du mit der Pinzette das feine, durchsichtige oberste Häutchen ab und untersuchst die Spaltöffnungen in einem Tröpfchen Wasser.

Brennhaare der Brennnessel

■ Aua

Die Wirkung der Brennnesselhaare hast du sicher schon mal gespürt. Wenn du sehr vorsichtig mit der Pinzette ein Stückchen Haut vom Blatt abziehst, kannst du ihren Bau unter dem Mikroskop studieren. Es sind richtige kleine Injektionsnadeln aus glasartig hartem Material. Bei der leisesten Berührung bricht die Spitze ab. Es entsteht eine spitze Nadel, die in die Haut dringt und ihren schmerzenden Inhalt verspritzt.

Apfelbaum

Löwenzahn

Klee

Klatschmohn

■ Gelber Staub

Im Frühling wirbelt der Wind von Haselkätzchen und Kiefernzweigen gelbe Wolken davon. Sammle ein bisschen von dem gelben Staub auf einem Objektträger und betrachte ihn in einem Wassertropfen unter dem Deckglas. Diese Körnchen nennt man Blütenstaub oder Pollen. Sie stammen von männlichen Blüten (oder Blütenteilen) und sollen weibliche Blüten oder Blütenteile bestäuben, damit sie Samen bilden können. Untersuche doch auch mal Blütenstaub von den Staubbeuteln der Blüten von Klatschmohn, Apfel, Löwenzahn, Klee, Sonnenblume oder anderen Pflanzen. Fast immer wirst du auf neue Pollenkörnchenformen stoßen.

Pollenkörner im Honig

Verdünne einen Löffel Honig mit zwei Löffeln warmem Wasser und schüttle das Ganze gut. Dann kommt das Glas zwei Tage in den Kühlschrank, damit sich die Pollen aus dem Honig am Boden absetzen. Da fischst du sie dann vorsichtig mit der Pipette heraus und gibst sie auf einen Objektträger.

Stelle eine Pollensammlung her!

Für Vergleichsuntersuchungen solltest du dir Proben von möglichst vielen verschiedenen Pollenarten anlegen. Dazu bettest du die Blütenstaubkörnchen in einen kleinen Tropfen erwärmter Glyzeringelatine ein, sodass sie sich lange halten, und legst ein Deckglas darüber.

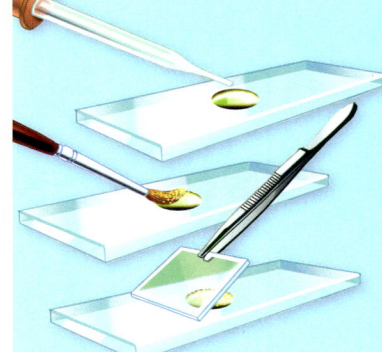

Gib einen Tropfen Glyzeringelatine auf einen Objektträger (siehe Seite 29).

Dann überträgst du die Pollen mit einem Pinsel auf die Glyzeringelatine.

Nun kannst du mit einem Deckglas das Präparat fertigstellen.

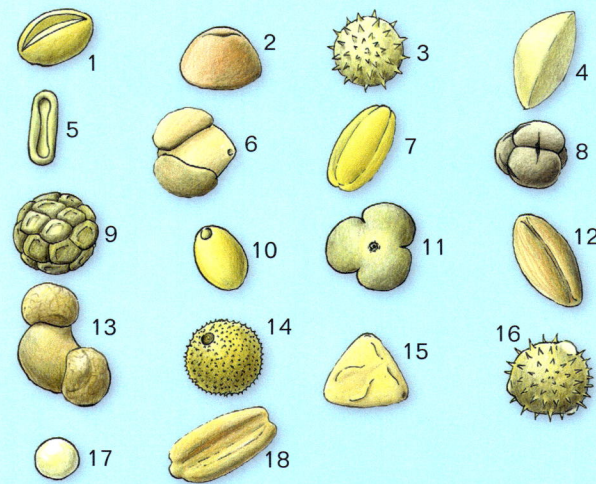

So sehen Pollen verschiedener Pflanzen aus:
1 Taubnessel; 2 Buche; 3 Margerite; 4 Tanne;
5 Wiesenkerbel; 6 Kiefer; 7 Hahnenfuß; 8 Heidekraut;
9 Akazie; 10 Wiesenschaumkraut; 11 Ahorn;
12 Eiche; 13 Fichte; 14 Löwenzahn; 15 Haselnuss;
16 Sonnenblume; 17 Gras; 18 Apfel

Schneiden und Färben

Fast alle Teile von Pflanzen sind undurchsichtig und daher für die direkte Untersuchung nicht geeignet. Deshalb musst du davon Scheibchen abschneiden, die so hauchdünn sind, dass Licht durchscheinen kann. Hier steht, wie`s geht.

Kartoffelchips

So stellst du von einer Kartoffel Dünnschnitte her:

1. Schneide eine Kartoffelscheibe zu dünnen Stangen.
2.+3. Teile eine Karotte, bohre ein passendes Loch und stecke eine Kartoffelstange hinein. Schneide beide zusammen durch.
4. Lege die Rasierklinge auf die Ebene und ziehe sie vorsichtig zu dir heran, so dass sie durch die Kartoffel gleitet.
5. Fertige aus dem Scheibchen ein Präparat an.

Achtung: Scharf!

Hole dir für den Umgang mit Rasierklingen stets einen Erwachsenen dazu!

■ Stärke zeigen

In den durchsichtigen Kartoffelscheibchen erkennst du unregelmäßig geformten Zellen. Darin liegen viele eiförmige Körnchen. In Form von Stärke speichern die Pflanzen überschüssige Nahrung. Du findest Stärke daher auch in den Zellen vieler anderer Pflanzen. Untersuche auch Lebensmittel wie Bananen, Bohnen und Brot auf Stärke. Allerdings haben die Stärkekörner oft unterschiedliche Formen. Um sie sicher zu erkennen, kannst du den Iodtest anwenden. Iod färbt nämlich Stärke tiefviolett. Du verdünnst Iodtinktur mit der vierfachen Wassermenge und färbst das Präparat mit dieser Iodlösung. Wie das geht, erfährst du auf Seite 23. Aber Vorsicht, bringst du das Iod mit Metall (z.B. am Mikroskop) in Kontakt, kann dieses rosten.

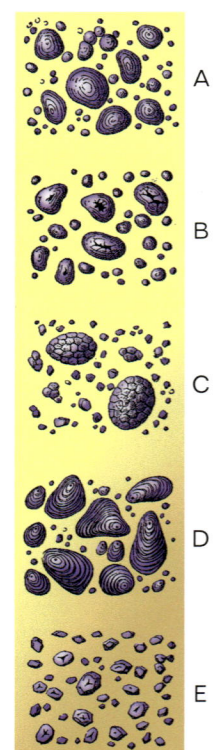

A = Weizenstärke, B = Bohnenstärke, C = Reisstärke, D = Kartoffelstärke, E = Maisstärke

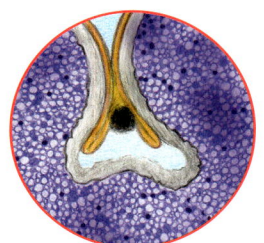
Querschnitt durch ein Getreidekorn. Solche Schnitte gelingen, wenn man die Körner über Nacht in Wasser einweichen lässt.

■ Mikrotome

Es gibt für die ganz feinen Schnitte hervorragende Geräte, die Mikrotome. Hier siehst du ein sogenanntes Handmikrotom.

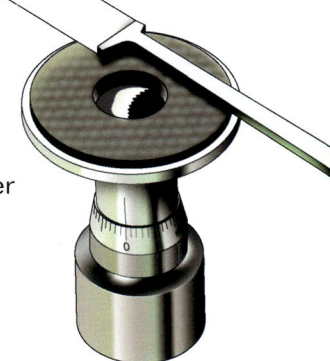

■ Quer durchs Blatt

Im Querschnitt durch ein Blatt erkennst du die Leitungsröhren, die stützenden und wasserspeichernden Zellen, die Spaltöffnungen und vor allem die mit Blattgrünkörperchen angefüllten Zellen.

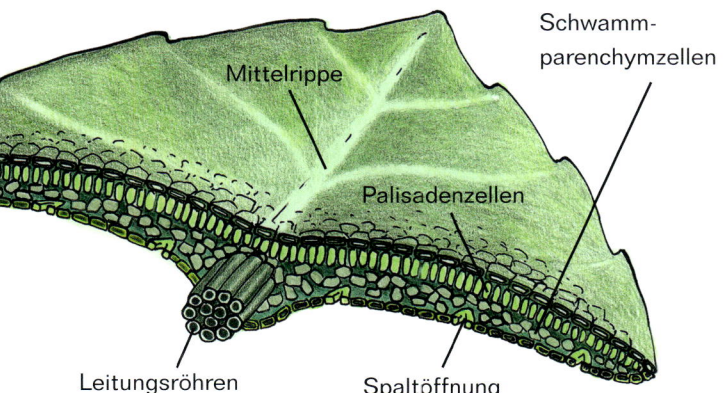

Schwamm-parenchymzellen

Mittelrippe

Palisadenzellen

Leitungsröhren

Spaltöffnung

■ Rotes Holz

Die Struktur von Holz wird durch Färbung mit Eosin sichtbar gemacht. Schön erkennt man dann die dicken Jahresringe des Frühlings und die dünnen Jahresringe des Herbstes.

Farbenspiele

In der Mikroskopie benutzt man häufig Farbstoffe, um bestimmte durchsichtige Teile der Präparate besser sichtbar zu machen. Frage in Apotheken nach Eosin und Methylenblau oder experimentiere mit verdünnten farbigen Tinten. Auch mit Wasser verdünnte Iodtinktur hebt Zellteile hervor. Verwende die Farbstoffe aber sparsam, denn sonst werden die Schnitte zu dunkel und du siehst nichts mehr. Du kannst beim Färben auf zwei Arten vorgehen: Entweder legst du das zu färbende Pflanzenteil vor dem Dünnschnitt für wenige Minuten in die Farblösung und spülst es gründlich mit Wasser nach. Oder du saugst einen Tropfen der Farbstofflösung unter das Deckglas. Wenn du ein- oder zweimal Wasser hinterher saugst, bekommst du ein klareres Mikrobild.

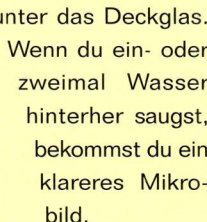

Eosin

Iod

Moose, Flechten, Farne

Du findest Moose und Flechten an Stellen, wo keine anderen Pflanzen wachsen können. Sie sind meist klein und unscheinbar. Farne dagegen können so groß werden wie du. All diese Pflanzen aber haben eines gemeinsam: Sie bilden keine bunten Blüten.

■ Moospflänzchen

findest du zu jeder Jahreszeit im Wald oder an feuchten Steinen. Ihre Blättchen sind besonders leicht zu mikroskopieren, denn sie bestehen aus nur einer Zellschicht. Du legst einfach ein Blättchen möglichst flach unters Deckglas. Die Zellen sind angefüllt mit kugelförmigen Blattgrünkörpern.

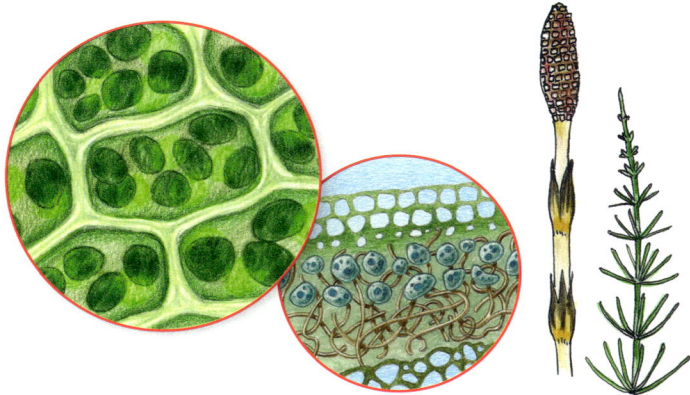

Moosblättchen, Flechte und Ackerschachtelhalm (v.l.n.r.)

■ Flechten

nennt man die grauen, grünlichen, gelben, braunen oder orangefarbenen Überzüge auf Steinen oder Borken. Sie bestehen aus jeweils einer Pilz- und einer Algenart, die sich zu gegenseitigem Nutzen zusammengeschlossen haben. In einem dünnen Schnitt durch die Flechte kannst du die grünen Algen erkennen, die im Pilzgewebe eingelagert sind.

■ Farne

tragen an der Unterseite ihrer gefiederten Blätter Reihen brauner Punkte. Unter der Lupe siehst du kleine Behälter an Stielchen. Im Herbst entlassen sie braune Sporen; daraus werden neue Farnpflanzen.

Den Sporen die Sporen geben

Durch Sporen vermehren sich Pflanzen, die keine Blüten haben. Beim Moos findest du sie in den Mooskapseln, kleinen „Zipfelmützen", die aus dem Moospolster ragen. Bei Flechten sind sie im Gewebe eingebettet, bei Farnen bilden sie sich in den braunen Hütchen der Blattunterseite. Die Sporen von Bärlappen kannst du in der Apotheke als „Lycopodiumpulver" bekommen. Streue etwas von dem gelblichen Staub auf einen Objektträger und betrachte ihn ohne Deckglas. Jede Spore trägt vier zarte Bänder. Im trockenen Zustand sind sie ausgestreckt und bieten dem Wind eine gute Angriffsfläche. Hauchst du aber ganz vorsichtig deinen feuchten Atem auf das Pulver, wickeln sie sich schnell um die Sporen herum.

Keine Angst vor Spinnen

Spinnen haben einen schlechten Ruf und viele Menschen ängstigen sich sogar vor ihnen. Die mitteleuropäischen Arten sind aber für Menschen harmlos; meist können ihre Giftklauen gar nicht unsere Haut durchdringen. Übrigens: Spinnen haben immer acht Beine und einen zweigeteilten Körper – so unterscheidest du sie von den Insekten.

■ Ins Netz gehen

Spinnfäden sind sehr dünn. Dennoch halten sie sogar schnell dagegenfliegende Insekten fest. An manchen der feinen Spinnfäden erkennst du eine Reihe winziger Tröpfchen. Das sind Leimtröpfchen, an denen die ins Netz geratene Beute kleben bleibt. Die Spinnfäden spult sie aus sechs Spinnwarzen, die du an ihrem Hinterleib findest. Von einer toten Spinne kannst du diesen Körperteil abschneiden und mit Glyzerin aufhellen.

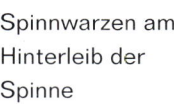

Spinnwarzen am Hinterleib der Spinne

Mit diesen Klauen läuft sie übers Netz, ohne kleben zu bleiben.

■ Spinnen-Porträt

Trenne von einer toten Spinne den Kopfteil ab und leg ihn auf den Objektträger. Schon bei geringer Vergrößerung und Beleuchtung von oben erkennst du acht schwarze Punkte. Das sind die Augen. Die Oberkiefer tragen kräftige, scharfe Klauen. Sie spritzen beim Biss lähmendes Gift in den Körper der Beute. Später saugt die Spinne ihre Opfer aus.

Faden aufnehmen

Schneide dir ein Stück dünne Pappe mit einem kleinen Fenster zurecht, das du auf den Objektträger aufklebst. Damit „fängst" du dir zur Untersuchung ein Stück vom Netz einer Spinne ein.

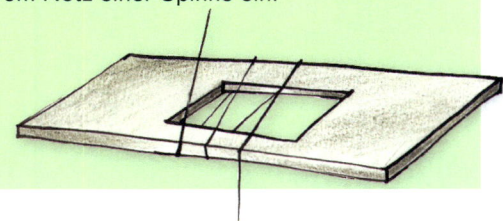

Samtmilbe

■ Milben und Zecken

sind auch Spinnentiere, haben aber keinen deutlich zweigeteilten Körper. Viele saugen an Pflanzen oder Tieren und leben im Boden oder in Laubstreu. Milben gibt es sogar in Büchern oder Polstermöbeln.

Zecke

Insekten nah gesehen

Millionen verschiedener Insektenarten leben auf der Erde. Alle ausgewachsenen Tiere haben sechs Beine und einen in Kopf, Brust und Hinterleib gegliederten Körper. Ihre Untersuchung ist spannend. Töte aber keine Insekten! Zum Beispiel am Auto findest du genügend tote Tiere, die sich zum Mikroskopieren eignen.

■ Insekten beobachten

In einem dicht verschlossenen Proberöhrchen mit Brennspiritus bleiben tote Insekten lange haltbar und du kannst dir einen Vorrat anlegen. Zur Beobachtung zupfst du größeren (toten!) Insekten mit der Pinzette die Teile ab, die du untersuchen willst. Oder du schneidest sie mit einer Nagelschere auseinander.

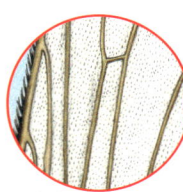

Adern am
Fliegenflügel

Schuppen am
Falterflügel

■ Flügel

sind am einfachsten zu untersuchen, weil sie durchsichtig sind. Vergleiche die Flügel von Fliegen, Bienen, Wespen und Mücken mit ihren dunklen Adern. Beim Schmetterlingsflügel erkennst du unter dem Mikroskop zarte Blättchen oder Schuppen mit einem winzigen Stiel, die dachziegelartig übereinanderliegen.

■ Die Augen

nehmen bei Fliegen, Bienen, Bremsen und Libellen fast den ganzen Kopfteil ein. Zum Untersuchen der Augen toter Tiere schneide sie vorsichtig ab oder lege den ganzen Kopf des Insekts unter die Linse. Wenn sie zu undurchsichtig sind, richte das Licht einer hellen, zusätzlichen Lampe von

Kopf einer Libelle

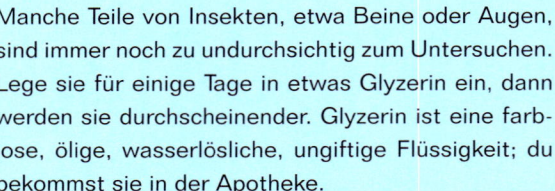

Insektenteile aufhellen

Manche Teile von Insekten, etwa Beine oder Augen, sind immer noch zu undurchsichtig zum Untersuchen. Lege sie für einige Tage in etwas Glyzerin ein, dann werden sie durchscheinender. Glyzerin ist eine farblose, ölige, wasserlösliche, ungiftige Flüssigkeit; du bekommst sie in der Apotheke.

schräg oben darauf. Nun erkennst du lauter sechseckige Felder. Jede dieser „Facetten" ist ein Einzelauge. Das Insektengehirn erzeugt aus all diesen Einzelbildern ein Gesamtbild der Umgebung. Fliegen und viele andere Insekten können mit ihren großen Facettenaugen gleichzeitig in alle Richtungen sehen.

Facettenauge

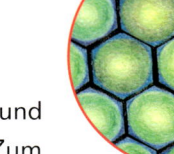

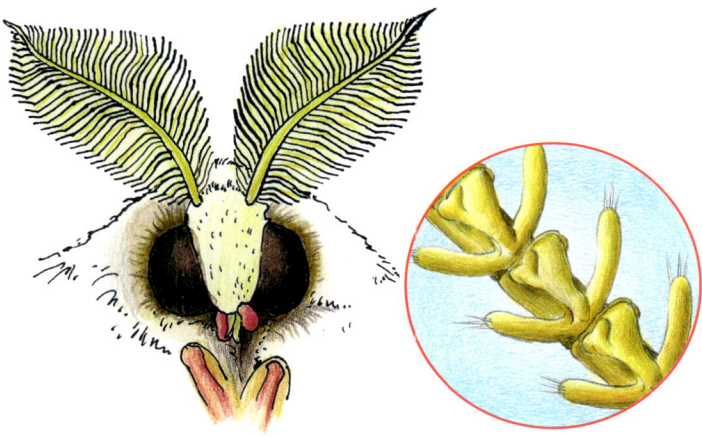

Antennen eines Nachtfalters (rechts vergrößert)

■ Antennen

nennt man die Fühler der Insekten. Sie dienen vor allem als Riechorgane und sind dicht an dicht mit Riechsinneszellen besetzt. Vergleiche die unterschiedlichen Formen etwa bei Fliegen, Käfern, Tag- und Nachtfaltern. Bei manchen Arten haben die Männchen deutlich größere Antennen als die Weibchen. Damit finden sie dank spezieller weiblicher Duftstoffe oft über große Entfernungen ihre Partnerin.

Falterrüssel

■ Die Mundwerkzeuge

dienen zur Nahrungsaufnahme. Sie sind bei verschiedenen Insektenarten sehr unterschiedlich. Stubenfliegen schlürfen mit ihrem kurzen Rüssel Nahrung hoch. Sehr viel länger ist der Rüssel eines Falters, deshalb rollt er ihn beim Fliegen auf. Nur zum Saugen von Nektar fährt er ihn auf volle Länge aus. Bei Käfern und Ameisen fallen dir am Kopf kräftige Kiefer auf. Die brauchen sie zum Zerkauen oder Zerschneiden fester Nahrung.

Winzige Insekten

... lassen sich schlecht mit einer Pinzette greifen, zu leicht zerquetschst du sie. Die Lösung: Nimm sie mit einem angefeuchteten Pinsel auf und tupfe sie in ein Tröpfchen Wasser auf dem Objektträger.

Hinterbein einer Honigbiene mit Pollensäckchen

■ Die Beine

sind wie der Insektenkörper meist dicht behaart. Am Fuß einer Fliege erkennst du die Krallen, mit denen sie sich an der Zimmerdecke festhält, und die klebrigen Haftballen für glatte Fensterscheiben. Vergleiche die Vielfalt von Insektenbeinen etwa von Mücken, verschiedenen Käferarten, Hummeln und Bienen.

■ Blutsauger

So lästig Stechmücken sein können – unter dem Mikroskop entpuppt sich ihr Stechapparat als kleines Wunderwerk der Natur. In einer Scheide sitzen die insgesamt sechs Stechborsten. Zwei davon sind gezähnt, mit ihnen sägt sich die Mücke ein Loch in unsere dicke Haut. Trifft sie eine winzige Blutader, tritt der Saugrüssel in Aktion. Wird sie dabei nicht gestört, wiegt sie nach dem Saugen dreimal so viel wie vorher. Damit das Blut nicht klumpt, spritzt sie Speichel in die Wunde. Er erzeugt das lästige Jucken.

Stechapparat der Stechmücke

■ Die Welt der Insekten

In Wald und Feld wirst du Tausenden von unterschiedlichen Insektenarten begegnen. Versuche,
die wichtigsten kennenzulernen!

Maikäfer

Tagpfauenauge

Streifenwarze

Fliege

Grashüpfer

Wespe

Libelle

Eintags-
fliege

Ohrwurm

Florfliege

Blattlaus

Silberfischchen

Larve in einer Galle

Gallen auf Eichenblatt

■ Wohnen in der Kugel

An manchen Blättern findest du eigenartige spitze oder runde Gebilde. Man nennt sie „Gallen".
Schneidest du eine auf, entdeckst du darin eine
winzige Insektenlarve. Sie hat sich aus einem Ei
entwickelt, das ein Insekt ins Blatt legte. Dann hat
die Larve die Pflanze zu der Wucherung angeregt,
um ein Schutzgehäuse zu haben.

■ Geheimnisvolle Verwandlung

Brennnesselstauden sind gute Plätze, um Jugendformen von Insekten zu finden. Manche Insekten
verändern nämlich im Laufe ihres Lebens ihr Aussehen völlig. Ein Falter etwa schlüpft als winzige
Raupe aus dem Ei, frisst an Blättern und wird dabei
immer größer. Nach ein paar Wochen verwandelt
sich die Raupe in eine „Puppe", die mehrere Tage
still an einem Zweig hängt. In ihrem Innern verläuft
die Verwandlung zum geflügelten Schmetterling.
Dann bricht sie auf, der farben-
frohe Falter kriecht
hinaus, pumpt Luft
in seine Flügel und
fliegt davon.

1 Eier
2 Jungraupen
3 Raupe
4 Raupe, zur
    Verpuppung aufgehängt
5 Puppe
6 schlüpfender Falter

Dauerpräparate

Von vielen Objekten, die man mit dem Mikroskop untersuchen kann, lassen sich recht einfach Dauerpräparate herstellen. Spannende oder schwer zu findende Beobachtungsobjekte musst du dadurch nicht aufs Neue suchen, wenn du sie dir noch einmal ansehen möchtest.

Vor Jahrmillionen schloss ein Tropfen Harz diese Spinne ein. Es erhärtete zu festem Bernstein und konservierte sie dabei.

Ähnlich wie das Bernsteinharz die Spinne konservierte, kannst auch du interessante Objekte haltbar machen, indem du sie in Einschlussmittel einbettest. Dann kannst du sie in einem Präparatekasten aufbewahren und auch nach Monaten noch mit anderen Präparaten vergleichen. Am einfachsten geht das Herstellen eines Dauerpräparats mit einem künstlichen Einschlussmittel namens Glyzeringelatine. Das ist ein farbloses Gelee, das beim Erwärmen schmilzt und beim Abkühlen wieder erstarrt. Mit Glyzeringelatine kannst du zum Beispiel Insekten- oder Spinnenteile (Mundwerkzeuge, Flügel, Augen, Beine usw.) und Kleininsekten, aber auch Pflanzenteile wie Blütenstaub, Sporen oder Dünnschnitte aufbewahren. Der große Vorteil: Im Gegensatz zu anderen Einschlussmitteln nimmt Glyzeringelatine es nicht übel, wenn in den Objekten Reste von Wasser oder Alkohol stecken – andere Einschlussmittel werden dadurch trübe. Nur die Lebewesen aus dem Wassertropfen lassen sich selbst damit nicht konservieren.

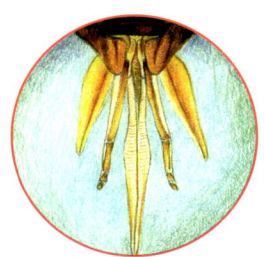

Die Mundwerkzeuge der Honigbiene

Dauerpräparate selbst herstellen

1. Zunächst gibst du ein Stück Glyzeringelatine auf einen Objektträger.
2. Über einer Kerzenflamme erwärmst du ihn vorsichtig, sodass die Gelatine schmilzt. Etwaige Luftblasen mit einer Nadel aufstechen.
3. In die flüssige Gelatine bettest du vorsichtig die Teile, die du konservieren willst.
4. Dann legst du ein Deckglas darüber. Achte darauf, dass keine Luftblasen entstehen. Danach lässt du den Objektträger einige Tage flach liegen und lässt das Ganze fest werden.
5. Glyzeringelatine-Präparate musst du waagerecht lagern, weil sie gerne etwas verrutschen. Außerdem trocknen sie vom Rand her aus. Daher solltest du den Rand des Deckglases vorsichtig mit durchsichtigem Nagellack oder Allzweckkleber verschließen.

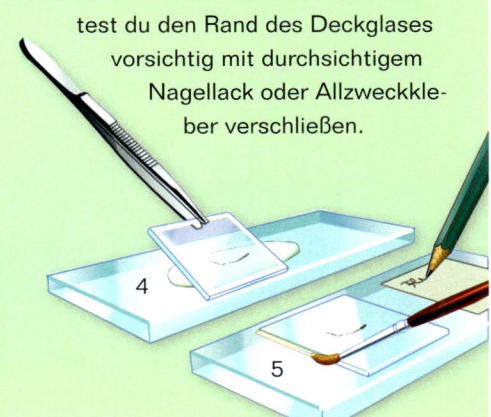

Blut und Haare

Selbst der eigene Körper gibt spannende Beobachtungsobjekte her. In einem Tröpfchen Blut etwa kannst du die Blutkörperchen erkennen. Und wusstest du, dass die Haare verschiedener Lebewesen jeweils unterschiedlich aussehen?

■ Blut unterm Mikroskop

Es muss kein eigenes sein, aus einem Stück rohem Rindfleisch tropfendes Blut tut es auch. Weil Blut eine ziemlich undurchsichtige Flüssigkeit ist, machst du einen „Ausstrich". Du wirst große Mengen blasser runder Scheibchen sehen. Das sind die roten Blutkörperchen, die den Sauerstoff von der Lunge zu allen Organen transportieren. Seltenere unregelmäßige Zellen sind weiße Blutkörperchen; sie bekämpfen ins Blut eingedrungene Krankheitserreger.

■ Im Mund

Entferne dir etwas Zahnbelag und färbe ihn dann mit Eosin. Wenn du reichlich Bakterien findest, solltest du vielleicht öfter die Zähne putzen. Winzige Zellen entdeckst du auch, wenn du mit einem Löffelstiel leicht an der Innenseite deiner Wange entlangschabst und etwas von diesem „Schleimhaut-Abstrich" untersuchst.

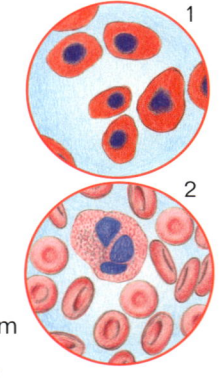

1 Solche Zellen findest du in deiner Mundschleimhaut (im Bild gefärbt). Am besten eignen sich Methylenblau oder auch verdünnte blaue oder schwarze Tinte zum Färben der entnommenen Präparate.

2 Rote und weiße Blutkörperchen, gefärbt mit zwei Farbstoffen

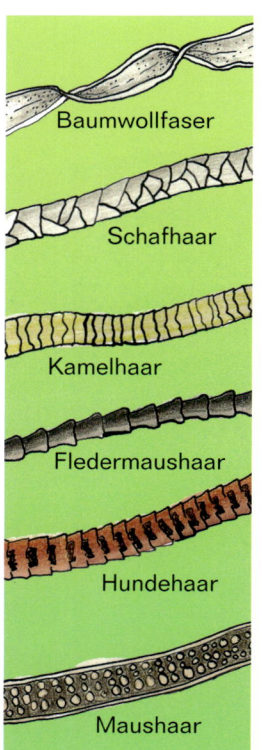

Baumwollfaser

Schafhaar

Kamelhaar

Fledermaushaar

Hundehaar

Maushaar

■ Haariges

Natürlich hast du längst schon mal eines deiner Haare unters Mikroskop gelegt. Schaue dir auch einmal einige Wattefäden (Baumwolle) an und vergleiche sie mit Fäden von einem Wollpullover. Leinenfasern wiederum besitzen einen dünnen Hohlraum im Innern. Auch Haare von Tieren sehen unterschiedlich aus.

So machst du einen Blutausstrich

Gib einen kleinen Tropfen Blut auf den Objektträger, tauche einen zweiten Objektträger hinein und schiebe ihn vorsichtig nach hinten, sodass der Tropfen zu einer hauchdünnen gelblichen Fläche auseinandergezogen wird. Dann legst du ein Deckglas darauf.

 # Die Wunderwelt der Kristalle

Du findest sie im Salz und im Zucker, entdeckst sie in Felsen, Schneeflocken und Eisblumen: Kristalle. Streue zum Beispiel einige Salz- oder Zuckerkristalle unters Mikroskop oder züchte selbst Kristalle und bewundere ihre schönen, regelmäßigen Strukturen.

Kristalle in der braunen Zwiebelhaut

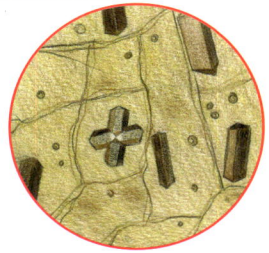

Kochsalzkristalle

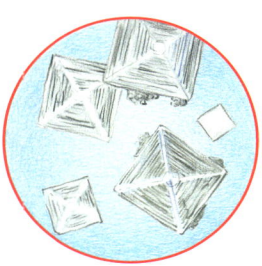

▪ Kristalle überall

Du kannst Kristalle von Salz, Natron, Zitronensäure, Soda, Vitamin C, Weinsäure und anderen wasserlöslichen Stoffen herstellen. In der Apotheke bekommst du eventuell noch mehr Stoffe, die schöne Kristalle bilden. Vergleiche die verschiedenen Kristalle miteinander. Sie sind alle wunderschön und sehr unterschiedlich.

So züchtest du Kristalle

Willst du zum Beispiel Zuckerkristalle herstellen, löst du in einem Esslöffel warmem Wasser etwas Zucker auf. Von dieser Lösung gibst du dann einen Tropfen auf einen Objektträger und lässt ihn offen (ohne Deckglas!) liegen, bis das Wasser verdunstet ist. Der Zucker bildet jetzt eine weiße, schön kristallisierte Schicht auf dem Glas.

Je langsamer das Wasser verdunstet, desto schöner werden die Kristalle. Verfolge auch das Kristallwachstum unter dem Mikroskop.

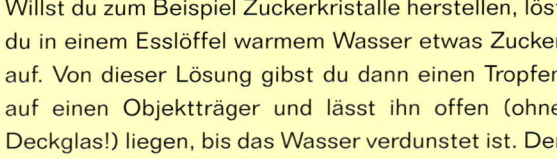

Calcitkristalle

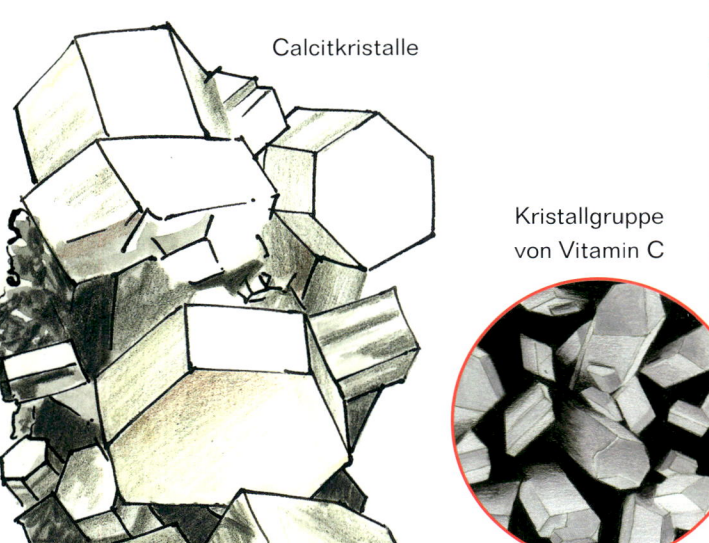

Kristallgruppe von Vitamin C

# Den Lichtstrahlen auf der Spur

Das Wichtigste an deinem Mikroskop sind die Linsen in Okular und Objektiv. Sie verändern die Strahlen des Lichtes so, dass du ein vergrößertes Bild siehst. Doch wie funktioniert das? Schon vor Jahrhunderten ist man darauf gekommen, mit solchen Linsen in die Welt des Allerkleinsten vorzudringen – und die Mediziner und Biologen haben dort wichtige Entdeckungen gemacht.

Was ist eine Brennweite?

Diesen Versuch solltest du nur zusammen mit einem Erwachsenen durchführen!

Halte deine Lupe ins Sonnenlicht und dahinter ein dunkles Stück Papier. Nach wenigen Sekunden beginnt es zu qualmen und vielleicht sogar zu brennen. Sei vorsichtig!

Es fängt allerdings nur an zu brennen, wenn die Linse den richtigen Abstand zum Papier hat – nämlich so nah, dass der Lichtpunkt der Sonne auf dem Papier am kleinsten erscheint. Probiere aus, wie der Lichtpunkt sich verändert, wenn du die Linse weiter vom Papier wegbewegst oder näher daran.

Der Grund dafür, dass das Papier zu qualmen beginnt, ist die Fähigkeit der Linse, die Sonnenstrahlen, die zuvor parallel nebeneinanderlaufen, umzulenken und in einem bestimmten Punkt zu bündeln. Man nennt diesen Punkt Brennpunkt. Der Abstand zwischen Linse und Brennpunkt ist die Brennweite der Linse.

Die Brennweite einer Linse hängt unter anderem von der Linsenwölbung ab: Je kugeliger die Linse ist, desto kürzer die Brennweite. Wenn man zwei Vergrößerungslinsen in einem bestimmten Abstand hintereinandersetzt, vergrößert die zweite das von der ersten gelieferte Bild nochmals. Solch ein Gerät aus zwei aufeinander abgestimmten Linsengruppen – in Objektiv und Okular – nennt man Mikroskop.

■ So funktioniert eine Lupe

Betrachte ein Streichholz mit bloßem Auge. Du siehst es dann scharf, wenn es etwa 25 Zentimeter von deinem Auge entfernt ist. Nun schaue es durch eine Lupe an. Du musst das Streichholz ziemlich nahe an die Linse herannehmen. Probiere es aus, bis du es scharf siehst. Jetzt ist es etwa so weit von der Linse entfernt, wie deren Brennweite beträgt. Dieser Abstand ist viel kleiner als 25 Zentimeter; bei einer starken Lupe vielleicht nur 2,5 Zentimeter. Das bedeutet: Du kannst zehnmal so nah herangehen wie mit bloßem Auge und siehst daher das Streichholz zehnmal so groß. Die Lupe vergrößert also zehnfach.

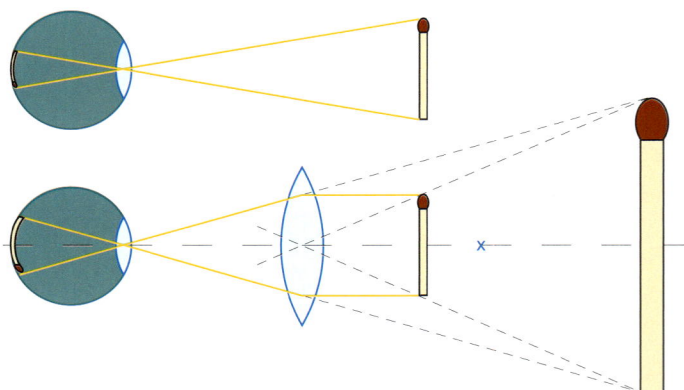

Ohne Lupe laufen die Lichtstrahlen vom Streichholz aus direkt ins Auge (der Einfachheit halber sind nur die zwei äußersten gezeichnet). Die Linse lenkt die Lichtstrahlen ab, man sagt, sie „bricht" das Licht. Daher erscheint das Streichholz dem Auge vergrößert.

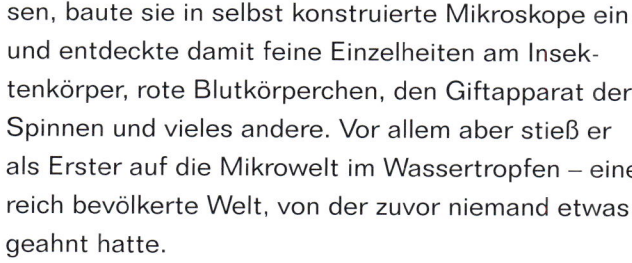

■ So funktioniert ein Mikroskop

Das Objektiv wirkt wie eine superstarke Lupe. Es entwirft ein Bild vom Präparat. Das Okular vergrößert als zweite Lupe dieses Bild. Allerdings liefert eine einfache Linse kein besonders gutes Bild: es ist am Rand unscharf.

Daher bestehen moderne Mikroskop-Objektive und Okulare jeweils aus mehreren, genau aufeinander abgestimmten Linsen – deshalb sind Mikroskope auch so teuer.

sen, baute sie in selbst konstruierte Mikroskope ein und entdeckte damit feine Einzelheiten am Insektenkörper, rote Blutkörperchen, den Giftapparat der Spinnen und vieles andere. Vor allem aber stieß er als Erster auf die Mikrowelt im Wassertropfen – eine reich bevölkerte Welt, von der zuvor niemand etwas geahnt hatte.

■ Bakterienjäger

Der preußische Landarzt Robert Koch entdeckte stäbchenförmige Bakterien im Blut von Schafen, die an Milzbrand verendet waren, einer gefährlichen, für Schaf und Mensch tödlichen Krankheit. 1876 konnte er beweisen, dass diese Stäbchen tatsächlich die Erreger der Krankheit sind. Einige Jahre später entdeckte er auch die Tuberkulose- und Cholera-Verursacher.

Tuberkulose-Bakterien im Blut

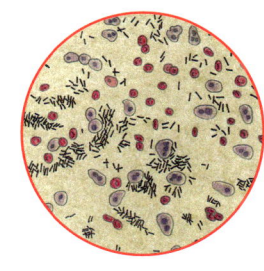

■ Die Geschichte des Mikroskops

Das zusammengesetzte Mikroskop erfand der holländische Brillenmacher Zacharias Janssen um 1600. Der Erste, der die Bedeutung dieses Geräts für die Untersuchungen von Lebewesen erkannte, war der englische Physiker Robert Hooke. In seinem Buch „Micrographia" (erschienen 1667) stellte er seine Beobachtungen dar. Er entdeckte die Zellen im Kork.

Von Hooke gezeichnete Korkzellen

■ Rechnen statt probieren

Bis etwa 1880 entstanden Mikroskope durch Ausprobieren: Man schliff Linsen und tüftelte dann die beste Kombination verschiedener Linsen aus. 1866 stellte der Mikroskopbauer Carl Zeiss in Jena den jungen Physiker Ernst Abbe ein, der erstmals bessere Mikroskopobjektive aus den Naturgesetzen der Optik errechnen sollte. Nach einigen teuren Fehlschlägen, die Zeiss an den Rand des Ruins brachten, gelang das Vorhaben. Nun konnte die Firma die weltbesten Mikroskope liefern – zumal inzwischen der Chemiker Otto Schott im Auftrag von Zeiss Verfahren zur Herstellung besserer und reinerer Gläser für die Linsenfertigungen entwickelt hatte.

Heute errechnet man immer leistungsfähigere Mikroskop-Objektive mithilfe von Computern.

■ Ein Amateuer findet eine neue Welt

Der bedeutendste unter den ersten Mikroskopikern war ein Amateur: der holländische Kaufmann Antoni van Leeuwenhoek (1632–1723). Er schliff sich Lin-

Atome sichtbar machen

Dinge, die kleiner als etwa ein 3000stel Millimeter sind, kann ein Lichtmikroskop nicht mehr abbilden. Das ist in den Eigenschaften des Lichts selbst begründet. Sehr viel höhere Vergrößerungen liefern Mikroskope, die Elektronenstrahlen nutzen. Auf diesen Seiten lernst du verschiedene Elektronenmikroskope kennen.

■ TEM

Beim Transmissions-Elektronenmikroskop läuft der Elektronenstrahl etwa wie ein Lichtstrahl beim Lichtmikroskop. Das Objekt darf daher nicht dicker als etwa ein zehntausendstel Millimeter sein. Es liegt auf einem feinmaschigen Metallnetz als Objektträger. Das vergrößerte Bild (bis zu 500000-fach) entsteht auf einem Bildschirm. Mit solchen Elektronenmikroskopen konnten Forscher das Innere von Zellen untersuchen, um Aufbau und Funktion der Organellen zu enträtseln. Nur damit lassen sich auch Viren sichtbar machen. Sie sind noch tausendmal kleiner als Bakterien.

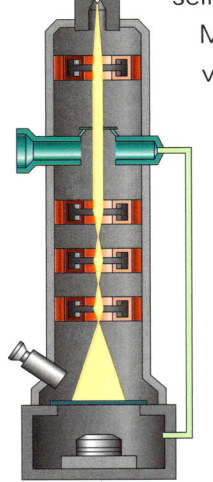

Längsschnitt durch ein TEM

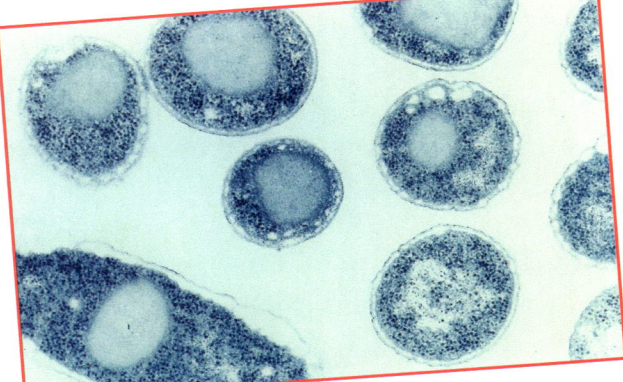

TEM-Aufnahme von E. coli-Bakterien

Ameise, mit dem REM vergrößert und künstlich gefärbt

■ REM

Beim Raster-Elektronenmikroskop durchdringt der Elektronenstrahl nicht das Objekt, sondern wird haarfein gebündelt und dann zeilenweise über die Oberfläche des Objekts geführt. Trifft er dort auf, setzt er weitere Elektronen frei, je nach Form der Oberfläche mehr oder weniger. Ein Detektor fängt diese Elektronen auf. Während der Elektronenstrahl das Objekt abtastet, läuft gleichzeitig ein Leuchtpunkt über einen Bildschirm. Seine Helligkeit wird vom Detektor gesteuert, hängt also von der Zahl der freigesetzten Elektronen ab. So entsteht nach und nach das vergrößerte Bild des Objekts. REMs liefern sehr plastisch wirkende Bilder; sie stellen nicht wie TEMs

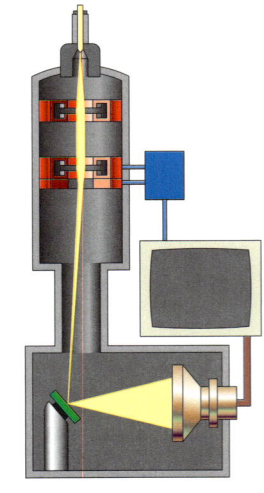

Längsschnitt durch ein REM

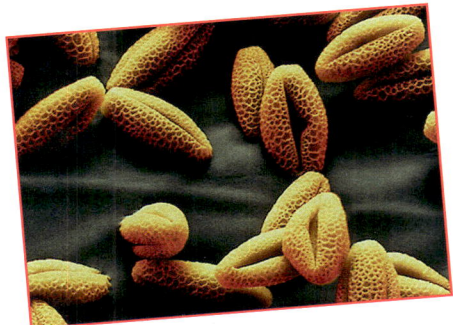

REM-Aufnahme von Weiden-Pollen

und Lichtmikroskope nur eine dünne Ebene scharf dar. Dafür muss das Objekt allerdings vollständig wasserfrei und vor der Untersuchung mit einer hauchdünnen Goldschicht bedampft worden sein. Oft werden die ursprünglich schwarz-weißen Bilder nachträglich künstlich gefärbt.

RKM

Beim millionenfach vergrößernden Raster-Kraftmikroskop spürt eine feine Nadel die Kräfte, die zwischen Atomen und Molekülen wirken. Ein scharfer Laserlichtstrahl registriert die winzigen Nadelbewegungen. Das RKM ist auch für biologische Untersuchungen geeignet; es funktioniert selbst, wenn das Objekt im Wasser liegt. Mit diesem Gerät hat man zum Beispiel Bilder der Oberfläche lebender Zellen hergestellt.

Elektronen

… sind winzige, elektrisch geladene Teilchen von Atomen. Fließen sie durch einen Draht, nennen wir das „elektrischen Strom". Ein Strahl aus Elektronen kann wie ein Lichtstrahl gebündelt werden.

RTM

Das Raster-Tunnelmikroskop enthält eine Nadel, deren hauchfeine Spitze auf einen Abstand von nur wenigen Atomdurchmessern an die Oberfläche des Objekts herangeführt wird. Durch sie fließt dann ein schwacher elektrischer Strom, dessen Stärke in hohem Maße vom Abstand zwischen Nadel und Oberfläche abhängt: Wird er nur um einen Atomdurchmesser (weniger als ein millionstel Millimeter!) kleiner, steigt die Stromstärke auf das Tausendfache. Bei der Untersuchung wird die Nadel nun zeilenweise über die Objektoberfläche geführt; gleichzeitig hält eine Regel-Elektronik den fließenden Strom auf exakt gleicher Höhe, indem sie die Nadel um winzige Beträge hebt und senkt und so Berge und Täler der Oberfläche nachzeichnet. Ähnlich wie beim REM wird gleichzeitig mit der Abtastbewegung der Nadel ein Lichtpunkt über einen Bildschirm geführt und der zum Heben und Senken der Nadel nötige Strom steuert, vielfach verstärkt, die Helligkeit dieses Bildpunkts. So entsteht ein millionenfach vergrößertes Bild der Objektoberfläche.

Pantoffeltierchen

Tuberkulose-Bakterium

Grippe-Virus

Oben: Größenvergleich zwischen Pantoffeltierchen, Tuberkulose-Bakterium und Grippe-Virus

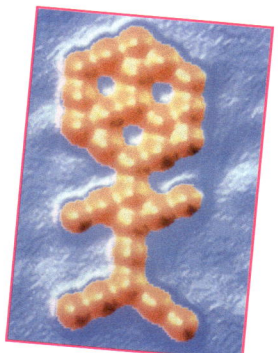

Mit einem RTM „gebautes" Männchen aus 28 Molekülen

Mikroskope in der Wissenschaft

Licht- und Elektronenmikroskope sind längst zu wichtigen Werkzeugen in Forschung und Technik geworden. Sie entlarven zum Beispiel Verbrecher, verraten das Steinzeitklima und die Lebensweise der damaligen Menschen, sichern die Qualität von Waren und helfen, Kranke zu heilen.

Lackspuren vom Auto

■ Kriminalistik

Die Kriminalpolizei untersucht mit dem Mikroskop Spuren, die am Tatort eines Verbrechens oder in der Wohnung eines Verdächtigen gefunden wurden. Faserproben können zum Beispiel verraten, welche Kleidung der Täter trug. Staubreste erzählen vielleicht, dass der Täter blonde Haare hat und kürzlich beim Friseur war (dann findet man kurze Haarschnipsel). Spuren rötlicher Erde auf dem Teppich in der Wohnung eines Verdächtigen mögen beweisen, dass er in der Kiesgrube war, in der ein Verbrechen stattgefunden hat. Und selbst winzigste Lacksplitter von einem Autounfall mit Fahrerflucht kann man mit dem Raster-Elektronenmikroskop untersuchen, ihre chemische Zusammensetzung bestimmen und so das Automodell ermitteln. Jede Patrone bekommt beim Abschuss Mikrospuren, die typisch für die jeweils benutzte Waffe sind. Hat man zum Beispiel beim Verdächtigen eine Waffe gefunden, feuert man daraus eine Kugel ab und vergleicht ihre Mikrospuren unter dem Mikroskop mit denen der Kugel, die am Tatort gefunden wurde. Stimmen sie überein, ist das ein Nachweis, dass die Kugel tatsächlich aus dieser Waffe abgefeuert wurde.

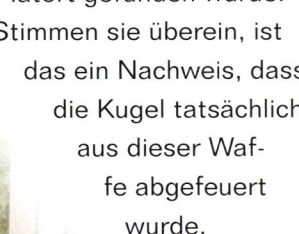

Vergleich zweier Patronen im Mikroskop, die mit der gleichen Waffe abgefeuert wurden

Der Fingerabdruck ist ein eindeutiges Kennzeichen eines jeden Menschen.

■ Lebensmittelkontrolle

Landwirtschaftliche Untersu-
chungsanstalten und Tierärzte
spüren mit dem Mikroskop
Krankheiten von Kultur-
pflanzen und Nutztieren auf.
So wird Getreide zum Bei-
spiel von Mikropilzen heimge-
sucht, die schlimme Missernten

verursachen können. Auch im Ackerboden können
Schädlinge lauern, die Rüben oder Kartoffeln an-
greifen. Lebensmitteluntersuchungsämter nehmen
regelmäßig Proben in Geschäften und Lagerhäusern;
auch Nahrungsmittelhersteller und Restaurantkü-
chen sowie eingeführte Produkte werden ständig
kontrolliert. Mit dem Mikroskop kann man den
Befall der Lebensmittel mit Bakterien, Pilzen oder
Kleininsekten feststellen oder auch Verfälschungen
mit Fremdstoffen nachweisen – zum Beispiel verrät die Pollenuntersuchung, von welchen Pflanzen
Honig wirklich stammt. In Schweinefleisch können
eingekapselte Würmer (Trichinen, siehe Abbildung)
liegen, die nach dem Verzehr schwere Krankheiten auslösen. Daher wird
Fleisch grundsätzlich
mikroskopisch
auf Trichinen
untersucht.

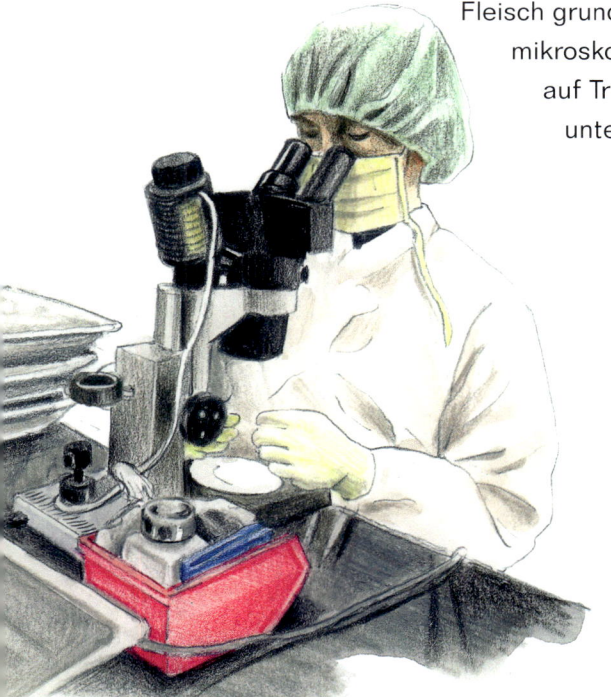

Woraus besteht Staub?

Sammle Staub aus der Wohnzimmerecke, vom
Schlafzimmerschrank, aus der Fußmatte, vom Lieb-
lingsplatz von Katze oder Hund, von einem im Freien
geparkten Auto und natürlich aus dem Staubsauger-
beutel.
Untersuche die Proben in einem Tröpfchen Wasser
unter dem Mikroskop.
Je nach Herkunft des Staubs (z.B. vom Boden oder
Schrank), Wohnort (Stadt oder Dorf) sowie Jahreszeit wirst du darin ganz unterschiedliche Dinge
finden: Fasern von Kleidung, Teppichen und Polstermöbeln, Federreste, eventuell Haare, Hautschuppen,
hereingewehte Pollen und Sporen, Rußteilchen oder
sogar winzige Tierchen.

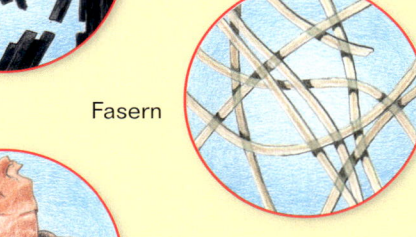

Rußteilchen

Fasern

Hautschuppen

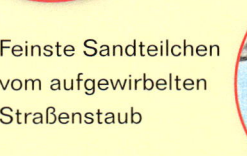

Feinste Sandteilchen
vom aufgewirbelten
Straßenstaub

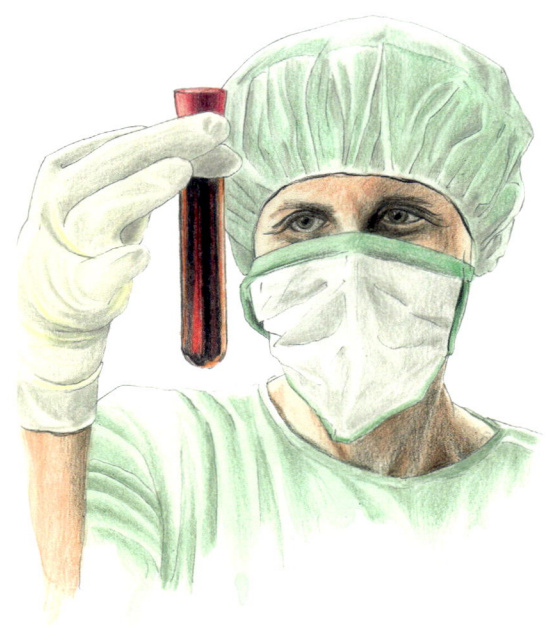

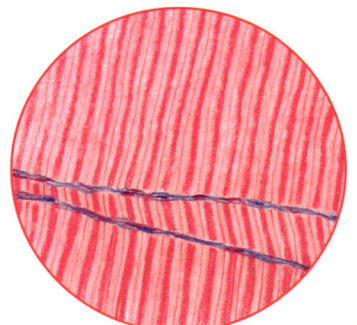

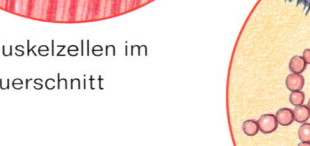

Kugeln, Stäbchen,
Schrauben, Spiralen
– Bakterien gibt es in
verschiedenen Formen.

Muskelzellen im
Querschnitt

■ Medizin

Mikroskope fehlen in keiner Arztpraxis und erst
recht nicht in medizinischen Labors. Durch Untersuchungen von Blut, Urin oder Schleimhautabstri-
chen kann man zum Beispiel krankheitserregende
Bakterien, Mikropilze oder andere Kleinstlebewesen
nachweisen. Auch manche Stoffwechselkrankhei-
ten erkennt man bei der mikroskopischen Prüfung
einer Urin- oder Blutprobe. Manche schwangere
Frauen lassen schon vor der Geburt durch Untersuchung des Erbmaterials
einiger Zellen feststellen,
ob das Ungeborene
vielleicht an bestimm-
ten Erbkrankheiten
leiden würde und
welches Geschlecht
es hat. In speziellen
Labors untersuchen
Experten von Ärzten
eingeschickte Gewebepro-
ben darauf, ob diese vielleicht Krebszellen enthalten

oder ob die Zellen an-
dere Schäden zeigen. Die
Arzneimittelindustrie testet
neuartige, aussichtsreiche Medikamente zunächst
an Versuchstieren oder an Zellkulturen (also an in
einer Nährlösung gezüchteten einzelnen Zellen). Die
mikroskopische Untersuchung der Zellen gibt dann
Auskunft über etwaige schädliche Wirkungen der
Substanz. Ungeklärte Todesfälle erregen das Inte-
resse der Gerichtsmediziner: Sie prüfen, woran der
Tote gestorben ist, ob es ein Unfall oder gar Mord
war, und stellen fest, wann genau der Tod eintrat.

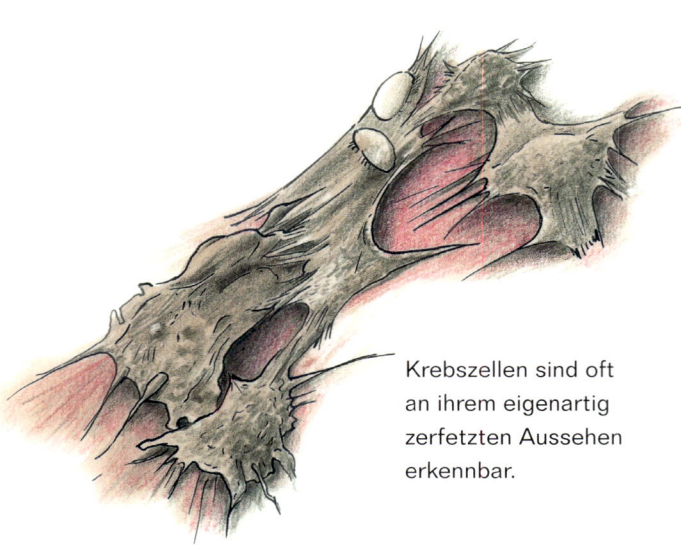

Krebszellen sind oft
an ihrem eigenartig
zerfetzten Aussehen
erkennbar.

Nervenzellen mit ihren
langen Fortsätzen

■ Archäologie

Wie haben die Menschen in früheren Zeiten gelebt?
Um das herauszufinden, graben Archäologen die
Überreste früherer Städte und Dörfer aus, durch-
mustern jahrtausendalte Gräber und Steinzeithöhlen
und durchstöbern alte Brunnen nach Dingen, die
einst Menschen weggeworfen oder verloren haben.
Die mikroskopische Untersuchung winziger Fun-
de bringt dabei oft interessante Aufschlüsse. So
verraten Samenkörner, welche Pflanzen man einst
anbaute. Splitter von Tierknochen sagen aus, welche Tiere man hielt oder jagte. Holzsplitter geben
Auskunft darüber, von welcher Baumart sie stammen. Und Faserspuren zeigen, welche Kleiderstoffe
man benutzte.

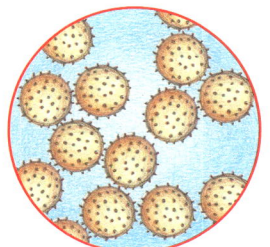 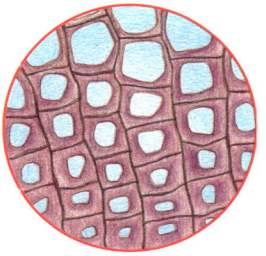

Pollenkörner (links) verraten durch ihre Form, von welcher
Pflanze sie stammen. Harzzellen (rechts) geben Aufschluss
über die Bäume, die es einst gab.

■ Umweltschutz

Die chemische Untersuchung
des Wassers aus einem Bach,
Fluss oder Teich verrät dessen
augenblickliche Zusammensetzung. Will man aber kontrollie-
ren, ob vielleicht wöchentlich
oder monatlich Giftstoffe einge-
leitet werden oder ob von Zeit
zu Zeit Haushalts- oder Land-
wirtschaftsabwässer hineinflie-
ßen, hilft die mikroskopische
Untersuchung der Kleinlebewelt.
Durch Bestimmung der Arten
von Grünalgen, Kieselalgen,
Wimper- und Rädertierchen kann
man jedes Gewässer als sauber,
mäßig oder stark verschmutzt
einstufen.

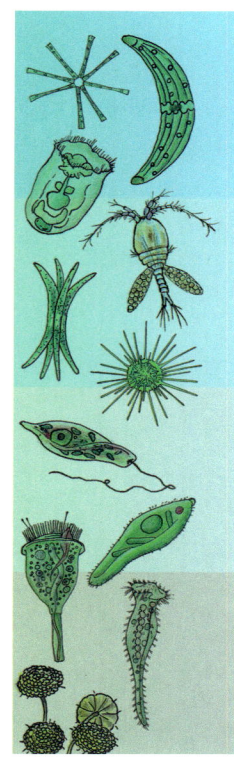

■ Technik

Ein Flugzeug ist abgestürzt, eine Zugachse gebro-
chen – woran lag es? Auch hier hilft die mikroskopische Untersuchung. Verdächtige Teile werden genau
geprüft: Haben sie vielleicht winzige, oft mit bloßem
Auge unsichtbare Risse? Aus der Art und Form dieser Mikro-Risse kann ein Fachmann erkennen, ob sie
durch den Unfall entstanden, schon vorher vorhan-
den oder vielleicht sogar die Ursache des Unglücks
waren. Oder ob es gar Anzeichen gibt, dass jemand
vorsätzlich den Bruch herbeigeführt hat. Mikroskope
helfen heute auch bei der ständigen Qualitätskont-
rolle fast aller Produkte in den Fabriken – und natürlich beim Fertigen von Bauteilen mit solch winzigen
Strukturen, wie es Computerchips sind.

Vorschläge für Mikro-Projekte

Nach diesem Streifzug durch die Welt des Mikrokosmos hast du vielleicht Lust bekommen, dich weiter mit diesen spannenden Dingen zu beschäftigen und dir vielleicht sogar als junger Forscher eine größere Aufgabe vorzunehmen. Hier findest du Anregungen dafür. Vielleicht möchtest du ja auch für die Schule eine Projekt- oder Jahresarbeit anfertigen oder dich beim Wettbewerb „Jugend forscht" beteiligen.

■ Wie sauber ist der Teich?

Durch Untersuchung der Kleinlebewesen im Wasser kannst du abschätzen, wie hoch die „Güteklasse"

von Gewässern in deiner Umgebung ist. Besonders interessant ist es, wenn sich die Umgebung des Teiches verändert (z.B. weil eine Fabrik schließt) und sich nun die Artenzusammensetzung langsam verschiebt. Du kannst mehrmals Gewässerproben untersuchen, um das herauszufinden; z.B. alle vier Wochen. Das Kapitel „Leben im Wassertropfen" oder der Kasten auf Seite 39 geben dir Hinweise, welche Lebewesen ein sauberes Gewässer anzeigen.

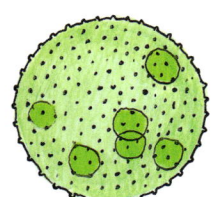

Du musst dich nicht auf stehende Gewässer beschränken: Was lebt zum Beispiel in Quellen, was wächst in der Tropfzone kleiner Wasserfälle oder in den grünen Flecken am Grund der Bäche? Und natürlich sind auch Brunnen in Stadt und Dorf kleine Lebensräume. Auf Seite 46 findest du Literaturangaben für weitere Informationen zur Gewässeruntersuchung.

■ Im Moos was los?

Zwischen den Moospflänzchen hat sich eine ganz spezielle Lebenswelt angesiedelt – je nach Moosart

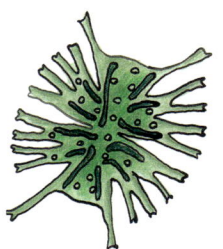

und Standort sind es unterschiedliche Arten von Algen, Wimpertierchen, Rädertierchen und anderen Lebewesen. Interessante Mikro-Lebensräume für Planktonliebhaber sind auch das feuchte Laub in der Dachrinne, die Vogeltränke, die Regentonne oder eine kleine Pfütze in einer Astgabel – und sogar das Weihwasserbecken in der Kirche hat spezielle Bewohner.

■ Fische und Co.

Wer ein Aquarium besitzt, findet immer spannende Mikro-Objekte: Was lebt im Filter, woraus bestehen die Algenwatten, der Mulm am Boden, was hat sich auf den Wasserpflanzen angesiedelt? Und wie reagieren die Lebewesen, wenn man Algenstopper

oder ähnliche Aquarien-Chemikalien ins Wasser gibt?

Vergleiche doch mal die Mikrowelt unterschiedlich bestückter Aquarien miteinander oder verfolge die Besiedlung durch Mikroorganismen in einem neuen Becken mit.

Interessant ist es auch, herauszufinden, ob z.B. die Wasserhärte einen Einfluss auf die Besiedlung hat. Um die Wasserhärte festzustellen, gibt es spezielle Papierstreifen, die sich je nach Härte unterschiedlich färben.

Hier kannst du ein auch von Fachleuten noch wenig erforschtes Gebiet betreten und zum Experten werden!

■ Mikro-Moor

Moore sind ganz eigentümliche Lebensräume mit speziellen Tieren und Pflanzen – und das gilt auch für ihren Mikrokosmos. Vergleiche die Bewohner der verschiedenen Mikro-Lebensräume, etwa im Torfmoos, in Torfstichen und im Schlamm der Tümpel im Verlauf eines Jahres. Wie unterscheiden sich Moore in deiner Umgebung? Wie wirken sich Torfabbau, Austrocknung oder eventuelle Wiedervernässung aus?

■ Abenteuer Gartenteich

Einige Gartenbesitzer haben sich einen Teich angelegt, manche naturnah, manche mit Goldfischen. Hier findest du eine Fülle von Mikro-Themen: Wie verändert sich das Artenspektrum im Laufe des Jahres? Welche Kleinst-Lebewesen bevorzugen das offene Wasser, welche den Uferrand, was lebt auf den Wasserpflanzen und was im Faulschlamm am

Grund oder gar auf den Fischen? Wie unterscheiden sich sonnige und schattige Teiche, solche mit vielen alten Blättern darin und sauberere? Was siedelt sich an, wenn du einfach eine große Plastikfolie in eine flache Grube legst und diesen Mini-Tümpel mit Wasser füllst?

■ Staubfänger

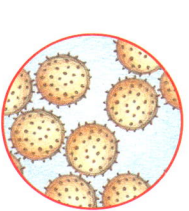

Mithilfe aufgestellter Tesafilm-Streifen kannst du Staub aus der Luft festhalten und untersuchen. So kannst du durch eine Vergleichssammlung zum Beispiel die Veränderungen im Pollenflug beobachten. Manche Menschen reagieren auf Pollen allergisch, deshalb sind Pollenflugvorhersagen sogar in Zeitungen zu finden.

Fellpflege

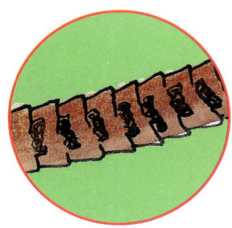

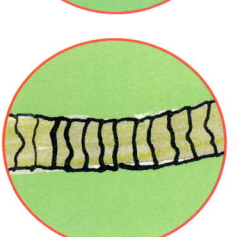

Du hast gesehen, wie sehr sich die Haare der verschiedenen Tiere unterscheiden. Wie wäre es mit einer Vergleichssammlung unterschiedlicher Hunde-, Katzen-, Schaf-, Kaninchen- und Pferderassen? Wenn du dich mit Tierpflegern in Zoos und Wildtierparks anfreundest, kannst du deine Sammlung vielleicht noch ungeahnt erweitern!

Strandläufer

Ferien am Meer: Wenn du dein Mikroskop mitnimmst, wirst du viele neue Lebewesen kennenlernen. Untersuche das offene Wasser, den Wattboden, die Räume zwischen den Sandkörnchen (hier triffst du auf die „Sandlückenfauna"), den angespülten Tang, die Wasserlachen in Salzwiesen, kleine Pfützen, die das bei Ebbe zurückweichende Wasser hinterlässt („Gezeitentümpel"), den Bewuchs von überspülten Felsen und die Pflanzen der Brandungszone. Neue, spannende Mikrowelten warten auf dich!

Ins Heu

Ein Heuaufguss (siehe Seite 14) gehört zu den einfachsten Möglichkeiten, sich Mikrolebewesen zu verschaffen. Dennoch gibt es auch hier noch viel zu erforschen. Vergleiche zum Beispiel Aufgüsse aus unterschiedlichen Materialien (z. B. aus Gras verschiedener Wiesen, unterschiedlichen Blättern, Rübenschnitzeln, Stroh, Früchten, Kaffeesatz oder Tee).

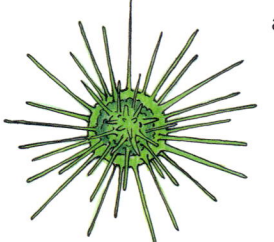

Untersuche auch den Einfluss der Wasserhärte oder von Zusatzstoffen wie Milch, Zucker oder Fruchtsaft auf die Lebewesen im Heuaufguss. Wichtig: Verändere immer nur eine Sache auf einmal, also entweder das Material oder die Flüssigkeit, die du zugibst. Sonst kannst du hinterher nicht herausfinden, was davon sich auf die Mikroorganismen ausgewirkt hat. Du kannst auch das Artenspektrum von Aufgüssen vergleichen, die mit reinem Leitungswasser, mit Wasser aus einem Tümpel, einem Straßengraben, einer Pfütze oder einem See befüllt werden. Nimm von Anfang an jeden Tag eine Probe und erforsche die Entwicklung; schätze auch die Zahl der jeweiligen Tiere ab. Was entwickelt sich in Blumenvasen im Laufe der Tage? Hängt es von der Art der Blumen ab? Gibt es vielleicht solche, die durch Giftstoffe Kleinlebewesen töten? Und auch der Bewuchs an Blumentöpfen oder Wasser in Blumentopfschälchen birgt sicher Leben. Ein Heuaufguss lässt dich durch immer neue Versuche zum Forscher und Entdecker werden!

Glossar

Auflichtbeleuchtung nutzt man zur Beobachtung undurchsichtiger Objekte: Man beleuchtet sie mit einer hellen Lampe von schräg oben.

Auflösungsvermögen nennt man die Fähigkeit eines Objektivs, eng beieinanderliegende Strukturen noch getrennt darzustellen. Ein Lochpaar in einer Kieselalgen-Schale stellt ein Objektiv mit geringem Auflösungsvermögen nur als ein etwas verzerrten Fleck dar, während man mit einem Objektiv mit hohem Auflösungsvermögen die beiden Löcher deutlich erkennt. Mit dem Auflösungsvermögen steigt allerdings auch der Preis des Objektivs. Ein Maßstab für das Auflösungsvermögen ist die numerische Apertur (n.A.), die auf guten Objektiven neben der Vergrößerung eingraviert ist: Je größer, desto besser. Das Auflösungsvermögen ist weit wichtiger als die Vergrößerung; darauf sollte man beim Kauf achten!

Augenlinse ist die oberste Linse des Mikroskops. Ist sie durch Wimpernfett verschmutzt, solltest du sie mit einem weichen Tuch (Brillenputztuch) abwischen.

Binokular ist eine Zusatzausstattung, um mit beiden Augen gleichzeitig ins Mikroskop zu blicken. Sie schont die Augen, liefert aber (im Gegensatz zum Stereo-Mikroskop) kein räumliches Bild.

Blende nennt man ein in der Größe verstellbares Loch zwischen Lichtquelle und Objekt. Es dient zur Einstellung der besten Bildqualität. Einfachere Mikroskope haben oft nur eine Drehscheibe mit verschieden großen Löchern, bessere eine stufenlos verstellbare „Irisblende".

Dauerpräparate erhält man, indem man Präparate mit Einschlussmitteln (wie z.B. Glyzeringelatine) haltbar macht.

Deckglas ist ein hauchdünnes (etwa 1/5 Millimeter dickes) Glasplättchen zum Abdecken der Objekte, die man mikroskopiert.

Dunkelfeldbeleuchtung ist ein spezielles Beleuchtungsverfahren: Die Objekte erscheinen hell auf dunklem Grund. Dadurch kann man in bestimmten Fällen feinste Strukturen besser erkennen.

Durchlichtbeleuchtung ist die normale Art zu mikroskopieren: Das Licht fällt durchs Objekt ins Objektiv. Allerdings ist die Durchlichtbeleuchtung nur für durchsichtige Objekte geeignet.

Elektronenmikroskop ist ein Gerät, das weit höhere Vergrößerungen erlaubt als Lichtmikroskope. Es arbeitet nicht mit Licht, sondern mit einem Strahl von Elektronen, der das Objekt durchdringt und es auf einem Bildschirm abbildet. Dafür muss allerdings das Objekt aufwendig vorbereitet werden. Elektronenmikroskope sind sehr viel teurer als normale Lichtmikroskope; dafür erreichen sie Vergrößerungen bis zu 500000-fach. Eine Sonderform ist das Rasterelektronenmikroskop.

Kondensor ist ein Linsensystem bei besseren Mikroskopen. Es sitzt unter dem Objekttisch und sorgt für eine bessere Beleuchtung des Objekts.

Kreuztisch ist eine Zusatzausstattung zum exakten Bewegen von Objekten auf dem Objekttisch.

Linsen lenken die Lichtstrahlen ab, man sagt sie „brechen" das Licht. Dadurch kann man das Beobachtungsobjekt aus großer Nähe untersuchen und auch winzig kleine Strukturen erkennen. Je nach Beschaffenheit der Linse (z.B. Wölbung) vergrößern sie unterschiedlich stark. Lupen haben in der Regel nur eine Linse, Mikroskope dagegen mehrere.

Lupe oder Vergrößerungsglas nennt man eine Linse, mit der man Objekte vergrößert betrachten kann. Es gibt Lupen mit Vergrößerungen zwischen 3-fach und 25-fach.

Mikrofoto nennt man ein mit einer Kamera durchs Mikroskop gemachtes Foto.

Mikrometer ist 1. eine Maßeinheit: ein millionstel Meter (= 1/1000stel Millimeter) und 2. ein Hilfsmittel zum Messen von Größen unter dem Mikroskop – meist ein Glasplättchen mit einer feinen Mess-Skala.

Mikrotom ist ein Gerät zum Herstellen hauchdünner, durchsichtiger Schnitte. Es gibt kleine Hand- und große Maschinenmikrotome.

Mücken nennt man kurzfristige Sehstörungen, die bei längerem Mikroskopieren durch Ermüden der Augen auftreten: feine, bewegliche „Objekte", die scheinbar durchs Gesichtsfeld wandern.

Numerische Apertur (n.A.) ist der Maßstab für das Auflösungsvermögen eines Objektivs.

Objektiv ist die dem Objekt zugewandte Linsengruppe des Mikroskops.

Objektivrevolver ist ein Teil des Mikroskops, an dem mehrere Objektive sitzen, die so mit einem Handgriff gewechselt werden können.

Objekttisch ist die Auflagefläche für den Objektträger. Er besitzt in der Mitte ein Loch, damit das Licht durch Objektträger, Objekt und Deckglas fallen kann.

Objektträger sind rechteckige Glasplättchen, auf die man Objekte zur mikroskopischen Untersuchung legt.

Okular ist die Linsengruppe, die dem Auge zugewandt ist. Sie vergrößert das vom Objektiv gelieferte vergrößerte Bild nochmals.

Phasenkontrast-Einrichtung ist eine besondere Kombination aus speziellen Objektiven, Okularen und Filtern, die man in gute Mikroskope als Zusatzausstattung einbauen kann. Mit ihr kann man sehr durchsichtige, kontrastarme Objekte sichtbar machen, ohne sie anzufärben.

Pipette nennt man ein Röhrchen mit einer feinen Spitze, mit dem man Flüssigkeiten aufnehmen kann. Es gibt Pipetten aus Glas mit einem Gummihütchen zum Ansaugen oder sogenannte Einweg-Pipetten komplett aus Kunststoff.

Planktonnetz ist eine Art Kescher für die winzigen Plankton-Lebewesen. Die Löcher im Stoff des Netzes sind so klein, dass zwar Wasser, aber keine Mikrolebewesen hindurchpassen.

Präparate sind für die Untersuchung mit dem Mikroskop veränderte Objekte. Von einer Zwiebel muss man z. B. ein sehr dünnes Häutchen abschneiden und dieses in einem Tropfen Wasser zwischen Objektträger und Deckglas legen. Andere Objekte, wie z. B. die Stärke der Kartoffel, müssen eingefärbt werden, damit sich die unterschiedlichen Bestandteile voneinander abheben und sichtbar werden.

Raster-Elektronenmikroskop (REM) ist eine spezielle Form des Elektronenmikroskops. Während beim normalen (Durchstrahlungs-)Elektronenmikroskop der Elektronenstrahl ständig das Objekt durchleuchtet, wird es beim REM von oben her mit einem scharf gebündelten Elektronenstrahl abgetastet. Das Bild erscheint auf einem Fernsehschirm. REMs liefern außerordentlich plastische Bilder.

Raster-Kraftmikroskope (RKM) tasten mit einer feinen Nadel die Oberfläche des Objekts ab. Sie reagiert auf winzige Kräfte an der Oberfläche. Lebende biologische Objekte können so millionenfach vergrößert dargestellt werden.

Raster-Tunnelmikroskop (RTM) ist eine moderne Form des Elektronenmikroskops, die Vergrößerungen bis über hundertmillionenfach möglich macht. Damit kann man sogar einzelne Atome zeigen.

Skalpell ist ein scharfes Messer mit Handgriff für biologische und medizinische Schnitte.

Stereo-Mikroskop ist ein Gerät, bei dem zwei Objektive und zwei Okulare so kombiniert sind, dass sie ein räumliches Bild liefern. Allerdings reicht die Vergrößerung nur bis etwa 200-fach.

Tiefenschärfe (Abbildungstiefe) nennt man den Bereich, in dem ein Mikroskop ein scharfes Bild liefert – abhängig von der Vergrößerung des Objektivs.

Tubus ist das Rohr, in dem Objektiv und Okular sitzen.

Umlenkprisma sitzt bei Mikroskopen mit geneigtem Tubus an der Neigestelle und lenkt den Lichtstrahl um.

Vergrößerung nennt man die Fähigkeit von Lupen und Mikroskopen, von Objekten vergrößerte Bilder zu liefern. Zwei Punkte, die in Wirklichkeit 1/100stel Millimeter auseinanderliegen, wirken bei 200-facher Vergrößerung wie zwei mit bloßem Auge betrachtete Punkte, die 2 Millimeter Abstand haben.

Bezugsquellen und weiterführende Literatur

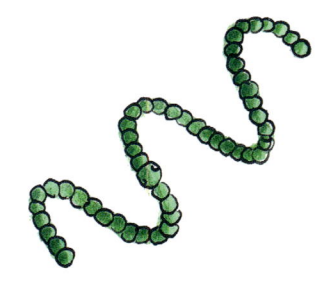

Chemikalien und Zubehör

Einschlussmittel (wie z.B. Glyzeringelatine) und Färbemittel (wie z.B. Iodtinktur, Methylenblau oder Eosin) bekommt man in der Apotheke oder bei:

Biologie-Bedarf Thorns
www.biologie-bedarf.de
Telefon 0551 97107

Waldeck Division Chroma Farbstoffe
www.chroma.de
Telefon 0180 2247662

Dort gibt es auch Mikroskopie-Zubehör (Glasgeräte usw.).

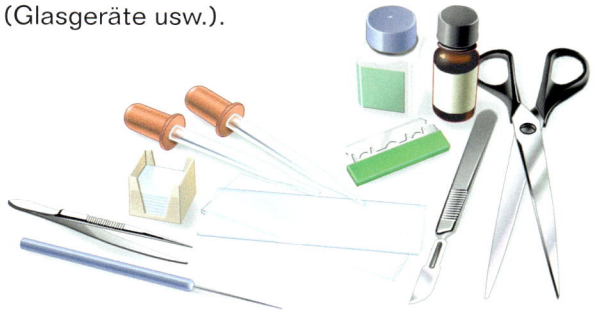

Mikroskope

Es gibt Mikroskope in unterschiedlichen Preis- und Qualitätsklassen bei Optikern, in Kaufhäusern, in Fotoläden oder im Internet zu bestellen.

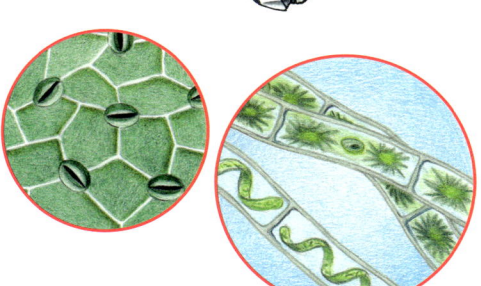

Empfehlenswerte Bücher

H. Streble/D. Krauter:
Das Leben im Wassertropfen. Mikroflora und Mikrofauna des Süßwassers. Ein Bestimmungsbuch. Franckh-Kosmos. Stuttgart 2009.
Mit diesem Buch kann man die Kleinlebewesen im Wassertropfen bestimmen.

F. Hecker:
Was lebt in Bach und Teich? 250 Tiere und Pflanzen.
Franckh-Kosmos. Stuttgart 2009.
Ein Bestimmungsbuch für Insekten und andere Kleintiere sowie Pflanzen am und im Süßwasser.

H. Bellmann:
Der neue Kosmos-Insektenführer
Franckh-Kosmos. Stuttgart 2009.
Damit kannst du die Insekten bestimmen, von denen du Teile mikroskopieren willst.

B. P. Kremer:
Mikroskopieren ganz einfach
Franckh-Kosmos. Stuttgart 2008.
Nützliche Ratschläge und Anregungen für weitere selbstständige Untersuchungen.

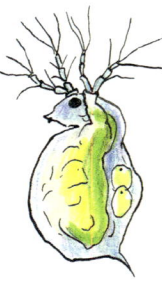

Impressum

Umschlaggestaltung von Alexander Nuißl, Plural Design, Regensburg
unter Verwendung von Farbfotos von Heidi Velten, Leutkirch-Ausnang
sowie zwei Fotografien von Irochka (fotolia.de) und einer von Christian Jung (fotolia.de).

Mit Farbillustrationen von Friedrich Werth und Farbfotos von Heidi Velten sowie zwei REM-
Aufnahmen von Eye of Science/Reutlingen, einer TEM-Aufnahme von Bayer AG/Leverkusen
und einer RTM-Aufnahme von IBM Deutschland

Haftungsausschluss:
Alle Angaben in diesem Buch erfolgen nach bestem Wissen und Gewissen. Sorgfalt bei der
Umsetzung ist indes dennoch geboten. Der Verlag und der Autor übernehmen keinerlei
Haftung für Personen-, Sach- oder Vermögensschäden, die aus der Anwendung der vor-
gestellten Materialien und Methoden entstehen können.

Unser gesamtes lieferbares Programm und viele
weitere Informationen zu unseren Büchern,
Spielen, Experimentierkästen, DVDs, Autoren und
Aktivitäten finden Sie unter **kosmos.de**

FSC
www.fsc.org
MIX
Paper from
responsible sources
FSC® C084279

Gedruckt auf chlorfrei gebleichtem Papier

2., überarbeitete Neuauflage
© 1999, 2004, 2010 Franckh-Kosmos Verlags-GmbH & Co. KG, Stuttgart
Alle Rechte vorbehalten
ISBN 978-3-440-12370-6
Redaktion: Bärbel Oftring, Kerstin Kottke, Anna-Maria Bodmer, Jana Raasch
Layout und Satz: Alexander Nuißl, Plural Design
Produktion: Verena Schmynec
Printed in Slovakia / Imprimé en Slovaquie

Für neugierige Forscher

Entdecken, verstehen und Spaß haben

ab 12 Jahren
€ 129,99 (UVP)
Art.Nr.: 636029

Nicht nur „klassische" mikroskopische Präparate wie das Zwiebelhäutchen oder Kleinstlebewesen aus dem Heuaufguss kannst du im Durchlicht betrachten. Auch flache Objekte aus Natur und Alltag (z.B. Blätter, Blüten, Insekten, flache Steine, Münzen, Briefmarken usw.) kannst du im Auflicht mit Makro-Vergrößerung anschauen. So macht das Erkunden deiner Umgebung Spaß! Viele praktische Tipps und Zubehör lassen garantiert keine Langeweile aufkommen.

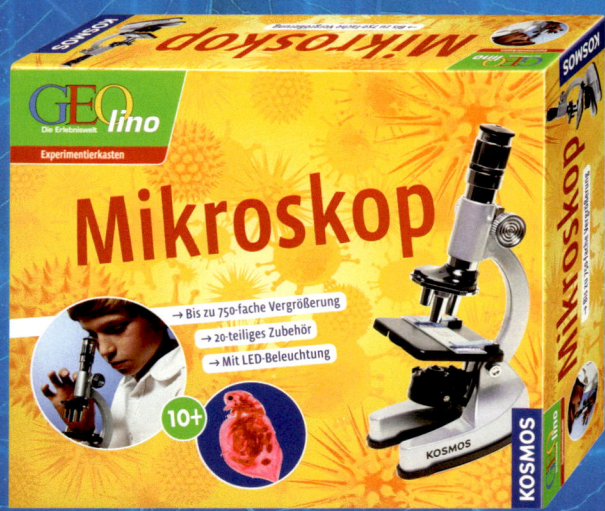

ab 10 Jahren
€ 69,99 (UVP)
Art.-Nr.: 635718

Gibt es etwas Spannenderes als Mikroorganismen im Wasser zu erforschen, Insektenflügel 100-fach vergößert zu betrachten oder Pflanzenteile zu präparieren und zu untersuchen? Mit diesem hochwertigen Mikroskop kommt der Mikrokosmos zum Greifen nah. Und du kannst eintauchen in die faszinierende Welt des Kleinsten.

Viele andere tolle Experimentierkästen findest du auf: kosmos.de